OPUSCULES

ENTOMOLOGIQUES

PAR

E. MULSANT,

Sous - Bibliothécaire de la ville de Lyon,
Professeur d'Histoire naturelle au Lycée,
Membre de l'Academie des sciences, belles-lettres et arts,
des Sociétés d'Agriculture, Linnéenne, et Littéraire de la même ville,
Membre honoraire de la Société Entomologique de Stettin,
Correspondant des Sociétés des Sciences de Lille, des Naturalistes de Moscou,
de Halle, de Basle, d'Altenbourg, etc., etc.

CINQUIÈME CAHIER.

PARIS.
L. MAISON, LIBRAIRE, RUE DE TOURNON, 17.

1854.

OPUSCULES

ENTOMOLOGIQUES.

Lyon. — Imp. de F. Dumoulin, rue Centrale, 20.

OPUSCULES
ENTOMOLOGIQUES

PAR

E. MULSANT,

Sous - Bibliothécaire de la ville de Lyon,
Professeur d'Histoire naturelle au Lycée,
Membre de l'Académie des sciences, belles-lettres et arts,
des Sociétés d'Agriculture, Linnéenne, et Littéraire de la même ville;
Membre honoraire de la Société Entomologique de Stettin,
Correspondant des Sociétés des Sciences de Lille, des Naturalistes de Moscou,
de Halle, de Basle, d'Altenbourg, etc., etc.

CINQUIÈME CAHIER.

PARIS.
L. MAISON, LIBRAIRE, RUE DE TOURNON, 17.

1854.

A M. CHARLES H. BOHÉMAN,

CONSERVATEUR DU MUSÉUM DE STOCKHOLM,
CHEVALIER DE L'ÉTOILE POLAIRE,
MEMBRE DE L'ACADÉMIE DES SCIENCES DE STOCKHOLM,
DE LYON, ETC., ETC., ETC.

MONSIEUR,

Vous continuez d'une manière si remarquable la suite de ces Naturalistes illustres, dont la Suède peut à bon droit s'énorgueillir, depuis son immortel Linné, que peut-être y a-t-il quelque présomption de ma part à vouloir mettre ces feuilles obscures à l'ombre de votre nom glorieux ; votre bienveillance, je l'espère, ne verra dans cette démarche d'autre intention que celle de vous offrir un témoignage public des sentiments d'admiration et d'attachement avec lesquels

J'ai l'honneur d'être

Votre tout dévoué

E. MULSANT.

Lyon, 25 octobre 1854.

ESSAI

D'UNE

DIVISION DES DERNIERS MÉLASOMES,

PAR

E. MULSANT et Cl. REY.

(Suite.)

Présentée à l'Académie des sciences, belles-lettres et arts de Lyon, le 29 janvier 1851.

DEUXIÈME TRIBU.

PANDARITES.

CARACTÈRES. — *Menton* petit ou médiocre; laissant, de chaque côté, entre ses bords et ceux de l'échancrure progéniale un espace presque égal à la largeur de sa base; offrant généralement sa partie médiaire soit presque plane, soit relevée en carène ordinairement obtuse, sur sa moitié longitudinale basilaire, et plane ou concave antérieurement [1].

Languette généralement saillante.

Mâchoires insérées à découvert dans une sinuosité du bord postérieur de l'échancrure progéniale: cette sinuosité plus prolongée en arrière que la base du menton; à deux lobes: l'interne, soit armé d'un crochet corné, soit seulement de poils raides ou spinosules.

---

[1] Quelquefois la carène longitudinale médiaire se montre rapprochée du bord antérieur, chez quelques Eurynotates; mais c'est une exception individuelle.

Palpes maxillaires à dernier article sensiblement comprimé; tronqué à l'extrémité, fortement obtriangulaire, à côtés curvilignes.

Palpes labiaux à dernier article ovalaire, souvent plus ou moins tronqué.

Mandibules robustes; peu saillantes dans le repos; entaillées à l'extrémité.

Labre petit; ordinairement échancré.

Epistome toujours fortement échancré ou entaillé dans le milieu de son bord antérieur; laissant apparaître le labre dans cette échancrure; voilant sur les côtés la base des mandibules.

Antennes insérées sous la saillie des joues; tantôt moins longuement, tantôt un peu plus longuement prolongées que les angles postérieurs du prothorax; grossissant plus ou moins sensiblement vers l'extrémité; de onze articles: le deuxième, court: le troisième, variablement plus grand que le quatrième: le dixième au moins, plus large que long.

Yeux peu ou pas saillants; soit entiers, soit coupés par les joues.

Tête plus ou moins enfoncée dans le prothorax; généralement plus large que longue.

Prothorax échancré en devant, avec les angles antérieurs plus ou moins avancés en forme de dent: ces angles ne s'appliquant pas contre le bord postérieur des joues, pour enclore avec celles-ci les organes de la vision, ne formant pas avec la partie antérieure de ses côtés une ligne continue avec les joues.

Écusson apparent; ordinairement plus large que long.

Elytres tantôt appuyées contre la base du prothorax, tantôt un peu isolées de celle-ci; soudées, ou ne couvrant pas des ailes développées; en ogive de forme variable, à leur extrémité; ordinairement à neuf stries, quelquefois à dix; embrassant les côtés de l'abdomen; offrant le repli et au moins une partie de l'intervalle voisin visibles, quand l'insecte est examiné en dessous.

Repli toujours prolongé jusqu'à l'angle sutural.

Ailes nulles ou incomplètement développées.

Dessous du corps parfois presque lisse sur les côtés de l'antépectus, ordinairement marqué de gros points unis en sillons.

Prosternum aussi saillant que les hanches qu'il sépare ; plus ou moins prolongé en arrière.

Postépisternums généralement rétrécis en arrière.

Ventre de cinq arceaux : le premier, offrant sa partie antéro-médiaire notablement plus large que le mésosternum, tronquée, parfois un peu obtusément en devant : les trois premiers, presque soudés ou plus visiblement unis que les troisième et quatrième, et quatrième et cinquième : le quatrième plus petit que les autres.

Pieds variables, suivant les espèces.

Corps ordinairement oblong, jamais très-convexe ; le plus souvent noir.

Ongles simples et robustes.

Ces insectes se répartissent dans les branches suivantes :

Branches.

Yeux
- entiers ou incomplètement coupés par les joues. Prothorax toujours appuyé sur la base des élytres.
  - Elytres le plus souvent à dix stries ou sillons, quelquefois seulement à neuf ; mais alors tantôt les étuis sont en ligne droite à la base, c'est-à-dire non coupés obliquement sur leurs deux cinquièmes externes, tantôt les antennes ont les articles 3 à 6 filiformes, avec le troisième aussi long que les deux suivants réunis. — EURYNOTAIRES.
  - Elytres à neuf stries ou rangées striales de points ; obliquement coupées sur les deux cinquièmes externes de leur base, pour donner place aux angles postérieurs du prothorax. Antennes à articles 3 à 6 non filiformes. — PANDARAIRES.
- coupés par les joues. Cinquième et sixième articles des antennes ordinairement obconiques. Élytres à neuf stries ou rangées de points ; quelquefois non contiguës, par leur base, à celle du prothorax. — HÉLIOPATAIRES.

PREMIÈRE BRANCHE.

EURYNOTAIRES.

Caractères. — *Menton* souvent plus long que large; paraissant ordinairement ovalaire, échancré ou entaillé au milieu de son bord antérieur; plus ou moins sensiblement relevé sur les côtés; habituellement convexe ou comme chargé d'une carène longitudinale sur la moitié basilaire au moins de sa région médiaire, et alors généralement concave ou déprimé en devant; quelquefois avec la carène plus avancée chez des espèces ayant dix stries ou sillons aux élytres.

Antennes moins longuement ou à peine plus longuement prolongées que les angles postérieurs du prothorax.

Yeux visibles partie en dessus, partie en dessous de la tête; soit entiers et transverses, soit rarement en majeure partie coupés par les joues, et alors plus larges que longs sur le front, dans leur partie visible.

Tête enfoncée dans le prothorax; offrant sa plus grande largeur vers la partie des joues correspondant un peu au devant du bord antérieur des yeux.

Elytres aussi larges ou un peu plus larges en devant que le prothorax à son bord postérieur; rétrécies au moins dans leurs deux cinquièmes postérieurs; tantôt graduellement assez étroites, tantôt en ogive obtuse, ou obtusément arrondies, postérieurement; souvent subsinuées près de l'extrémité.

Dessous du corps soit lisse, soit superficiellement sillonné, soit marqué de gros points sur les côtés de l'antépectus; souvent marqué de rides ou de sillons longitudinaux sur le ventre.

Pieds ordinairement assez grêles; simples. *Tarses* en partie au moins, garnis en dessous de duvet, surtout chez le ♂: les antérieurs et parfois les intermédiaires, offrant chez ce dernier sexe les articles deuxième et troisième, et peu sensiblement le premier, dilatés.

Corps généralement oblong; souvent arqué longitudinalement; jamais très-convexe.

Ces insectes peuvent être divisés en deux rameaux :

		Rameaux.
Yeux	transverses ou plus larges que longs dans leur partie visible en dessus ; entiers, peu ou point rétrécis par les joues.	Eurynotates.
	à peine aussi larges que longs dans leur partie visible en dessus; en partie coupés par les joues. Tibias antérieurs élargis, presque plans et râpeux en dessous. Troisième article des antennes une fois plus long que le cinquième.	Isocérates.

PREMIER RAMEAU.

EURYNOTATES.

Caractères. — *Yeux* transverses ou plus larges que longs dans leur partie visible en dessus; entiers, peu ou point rétrécis par les joues.

Ils se répartissent dans les genres suivants :

			Genres.
Prothorax	en ligne presque droite ou plutôt faiblement arquée en devant et non bissinuée à la base. Tibias antérieurs élargis en triangle allongé ; presque plans et râpeux en dessous. Elytres en ligne droite, à la base ; à neuf stries. Repli presque la seule partie visible en dessous.		*Melanopterus*
	plus ou moins bissinué à la base. Intervalles des élytres relevés en forme d'arête, quand le prothorax est faiblement bissinué.	Elytres coupées ou paraissant coupées obliquement, sur les deux cinquièmes externes de la base; à dix stries, ou sillons: la cinquième strie parfois incomplète.	*Eurynotus.*
		Elytres en ligne droite à la base, à neuf sillons, séparés par des arêtes. Dernier intervalle seul visible en dessous.	*Lasioderus.*

Genre *Melanopterus*, Mélanoptère.

(Μελανόπτερος, qui a les ailes noires.)

Caractères. — *Yeux* transverses ou plus larges que longs dans leur partie visible en-dessus. *Prothorax* glabre ; en ligne presque droite, ou plutôt faiblement arqué en devant et non bissinué à la base. *Élytres* en ligne droite à la base ; angle huméral prononcé et rectangulairement ouvert ; à neuf stries ou rangées de points. *Repli* presque la seule partie des étuis visible en dessous. *Tibias antérieurs* élargis en triangle allongé ; presque plans et râpeux en dessous. *Antennes* assez épaisses, ordinairement plus grosses à partir du septième article : les septième à dixième ordinairement plus larges que longs.

Les insectes de cette coupe semblent destinés à lier la famille des Pédinaires à celle des Eurynotaires. Les premières espèces ont le port et le faciès des Selines; la dernière, par ses élytres en ogive plus étroite et non obtuse à l'extrémité, semble conduire aux Eurynotes.

Le menton offre encore d'une manière plus ou moins apparente les parties latérales qui étaient si développées chez les Platynotes; mais l'angle antérieur de ces parties très-resserrées ou réduites à d'étroites proportions, ne se montre plus aussi avancé que le bord antérieur de la partie médiaire; celle-ci est à peu près parallèle, avec les côtés plus ou moins relevés et séparés de la partie discale de leur surface par un sillon plus ou moins profond; la moitié ou les trois cinquièmes postérieurs de la partie médiaire, comprise entre les sillons juxta-latéraux, est en toit ou médiocrement convexe : la partie antérieure est assez brusquement concave, caractère qui sert surtout à éloigner ces insectes des Pédinites : le bord antérieur du menton est presque droit ou peu arqué.

Ces Coléoptères paraissent jusqu'ici propres aux contrées méridionales de l'Afrique.

α. Elytres à rangées de points-fossettes. Intervalles alternes saillants. *porcatus*.

αα. Elytres à stries.

β. Prothorax offrant un peu avant le milieu sa plus grande largeur; à rebord latéral épais, saillant. Elytres à stries profondes, non visiblement ponctuées. *marginicollis*.

ββ. Prothorax offrant sa plus grande largeur vers les angles postérieurs; à rebord latéral écrasé. Elytres à stries très-légères, finement ponctuées. *Edwarsii*.

1. M. porcatus.

Oblong; noir; prothorax offrant vers le milieu sa plus grande largeur; muni sur les côtés d'un rebord saillant; en ligne droite à la base. Elytres à rangées striales de points-fossettes (17 environ sur la quatrième) séparées par des intervalles étroits, alternativement saillants.

Long. 0,0123 (5 1/2 l.). Larg. 0,0078 (3 1/2 l.).

Corps oblong; assez faiblement ou médiocrement convexe; d'un noir peu ou point luisant. *Tête* superficiellement pointillée. *Prothorax* élargi en ligne courbe jusqu'à la moitié ou un peu moins, offrant vers celle-là sa plus grande largeur, presque parallèle ou faiblement rétréci ensuite; muni d'un rebord latéral épais, saillant, à peu près égal; en ligne à peu près droite à la base; médiocrement convexe; ruguleusement ponctué sur la rainure qui limite le rebord latéral, imponctué sur le reste de sa surface. *Elytres* à peine ou faiblement plus larges en devant que le prothorax à ses angles postérieurs; parallèles jusqu'aux trois cinquièmes; médiocrement convexes; à rangées striales de points-fossettes séparés les uns des autres par des intervalles formant un réseau à peine égal à la moitié du diamètre de ces points (environ 17 sur la quatrième rangée). *Intervalles* étroits, alternativement plus sensiblement élevés ou en forme d'arêtes médiocrement saillantes ; le troisième paraissant s'unir postérieurement au neuvième ; les cinquième et septième plus courts. *Bord supérieur du repli* plus saillant en devant et paraissant former, par là, entre lui et l'intervalle voisin des élytres une gouttière très-étroite et graduellement affaiblie jusqu'aux deux cinquièmes ; offrant ordinairement à l'angle huméral une très-petite dent dirigée en dehors. *Dessous du corps* lisse ou n'offrant que de légères traces de sillons. *Prosternum* rebordé ou rayé d'une strie près des bords. *Pieds* robustes ; *jambes* médiocrement dilatées, simples : les intermédiaires râpeuses, sillonnées sur l'arête externe : les postérieures convexes et lisses sur cette arête.

Patrie : l'Afrique, (Muséum de Paris).

♀ *Quatre premiers articles des tarses antérieurs* assez faiblement dilatés : les deuxième et troisième moins faiblement que les autres.

2. M. marginicollis.

Oblong ; longitudinalement arqué ; noir, peu luisant. Prothorax offrant vers les deux cinquièmes sa plus grande largeur, faiblement rétréci dans sa seconde moitié ; muni latéralement d'un rebord épais, saillant, offrant sa plus grande largeur vers les angles postérieurs ; en ligne presque droite à la base ; lisse en dessus. Elytres à stries profondes, imponctuées. Intervalles assez convexes ; impointillés, parfois superficiellement ridés.

Long. 0,0157 (7 l.). Larg. 0,0078 (3 1/2 l.).

Corps oblong ; longitudinalement arqué ; noir, peu luisant. *Tête* superficiellement pointillée ; marquée sur la suture frontale d'un sillon non prolongé jusqu'aux bords latéraux qui sont relevés ; en général plus profondément sillonnée après les yeux. *Antennes* prolongées à peine jusqu'aux trois cinquièmes des côtés du prothorax ; noires ou brunes à la base, graduellement d'un rouge brunâtre ou d'un rouge testacé à l'extrémité: grossissant à partir du septième article: celui-ci presque cupiforme: les huitième à dixième, moniliformes, plus larges que longs. *Prothorax* élargi en ligne courbe jusqu'aux deux cinquièmes ou presque à la moitié, offrant vers ce point sa plus grande largeur, assez faiblement rétréci ensuite; muni latéralement d'un rebord saillant, convexe, graduellement épaissi d'avant en arrière, jusque près des angles postérieurs où il est un peu rétréci; en ligne presque droite, à peine sensiblement trisinuée à la base; convexement déclive à son bord postérieur et muni près de celui-ci d'une ligne parallèle entière; d'un tiers au moins plus large à la base que long dans son milieu; assez convexe; lisse ou peu distinctement et superficiellement pointillé. *Ecusson* près de quatre fois aussi large que long. *Elytres* très-faiblement élargies à partir de l'angle huméral (qui est prononcé) jusqu'aux trois cinquièmes de leur longueur; assez convexes; à stries profondes, non ponctuées: la huitième, ordinairement non avancée jusqu'à la base; *intervalles* assez convexes; impointillés, ordinairement marqués de rides superficielles. *Bord supérieur du repli* saillant, visible en dessus presque jusqu'au tiers des élytres, laissant en devant entre lui et les neuvième et huitième intervalles réunis une gouttière moins large que ces derniers. *Dessous du corps* un peu luisant; ridé sur les côtés des hanches antérieures et sillonné sur ceux des premiers arceaux du ventre. *Prosternum* rayé d'une strie près des bords et faiblement sur son milieu. *Pieds* assez robustes. *Cuisses* arquées sur leur arête antérieure; en ligne droite, planes ou presque canaliculées sur l'inférieure. *Jambes* élargies de la base à l'extrémité: les antérieures plus fortement que les autres.

PATRIE: le Cap de Bonne-Espérance, (coll. Deyrolle).

♂ *Arête inférieure des cuisses de devant* ornée de cils épais et flavescents: *celle des cuisses postérieures* garnie vers la base de poils couchés et clairsemés. *Jambes* antérieures armées vers les deux tiers de leur arête inférieure d'une dent, et entre celle-ci et l'extrémité, d'une épine plus longue obliquement dirigée en bas : les postérieures ciliées de fauve sur la dernière moitié de leur arête inférieure. *Quatre premiers articles des tarses antérieurs* ciliés et dilatés : les deuxième et troisième plus fortement que les autres.

♀ *Cuisses* toutes glabres. *Jambes* antérieures inermes. *Tarses* peu ou point dilatés.

8. M. Edwarsii.

Ovalaire ; d'un noir luisant. Prothorax élargi en ligne courbe jusqu'aux angles postérieurs ; muni latéralement d'un rebord écrasé peu ou point saillant ; en arc plus ou moins faible et dirigé en avant, à la base ; presque imponctué. Elytres en ogive étroite et non sinuée dans leur seconde moitié ; à stries presque linéaires, légères, finement ponctuées ; les quatrième et cinquième postérieurement unies et encloses par leurs voisines. Intervalles plans, imponctués.

Eurynotus ovalis (Déj.) catal. (1837) p. 211 suivant Solier.
Trigonopus ovalis (Solier) in Mus. paris.

Long. 0,0117 à 0,0127 (5 1/4 à 5 3/4 l.). Larg. 0,0067 à 0,0073 (3 à 3 1/4 l.)

Corps ovalaire ; longitudinalement arqué ; médiocrement ou très-médiocrement convexe ; d'un noir luisant. *Tête* lisse ou à peu près. *Antennes* prolongées environ jusqu'aux trois cinquièmes des côtés du prothorax ; noires avec les derniers articles fauves à leur extrémité. *Prothorax* élargi d'avant en arrière jusqu'aux angles postérieurs, en ligne moins courbe à partir de la moitié ; muni d'un rebord latéral graduellement élargi à partir des angles de devant jusqu'à la moitié ou un peu plus, écrasé, à peine saillant des deux aux quatre cinquièmes ; coupé à la base en arc plus ou moins faible dirigé en avant et non sinué ; muni d'un rebord basilaire très-étroit, non interrompu ; médiocrement convexe ;

imponctué ou paraissent tel, à peine superficiellement pointillé près des côtés. *Ecusson* en triangle une fois plus large que long. *Elytres* aussi larges en devant que le prothorax à ses angles postérieurs ; sans dent apparente à l'angle huméral qui est prononcé ; rétrécies en ligne courbe, et plus sensiblement à partir de la moitié, en ogive étroite à leur extrémité; à stries très-étroites, légères, marquées de points petits et ne les débordant pas ou les débordant à peine (environ 40 sur la quatrième) : les quatrième et cinquième plus courtes et postérieurement unies et encloses par leurs voisines. *Intervalles* plans, sans ponctuation distincte. *Bord supérieur du repli* peu visible après l'angle huméral. *Dessous du corps* superficiellement ou faiblement ridé sur les côtés de l'antépectus ; à lignes ponctuées sur les postépisternums ; sillonné sur les côtés des premiers arceaux du ventre. *Prosternum* plan, rayé d'une strie parallèle à ses bords, offrant parfois les traces d'une strie médiaire. *Cuisses antérieures*, dans l'état de flexion de la jambe, voilant, par leur bord postéro-supérieur, une partie de la moitié basilaire de la jambe. *Jambes* dilatées de la base à l'extrémité : les antérieures aussi larges à celle-ci que les deux cinquièmes de leur longueur : les autres graduellement dilatées.

Patrie : l'Afrique, (Muséum de Paris, voyages de M. Delalande).

♂ *Cuisses postérieures* armées d'une dent vers les deux cinquièmes basilaires de leur partie inférieure. *Deuxième et troisième articles* des tarses antérieurs, et moins fortement ceux des intermédiaires, dilatés.

♀ *Cuisses* inermes. *Tarses* inermes.

Nous avons dédié cette espèce remarquable à M. Milne-Edwards, membre de l'Institut, professeur administrateur du Muséum d'Histoire Naturelle de Paris. Puisse cet hommage lui offrir un faible témoignage de notre reconnaissance !

Genre *Eurynotus*, Eurynote ; Kirby [1].

(Εὐρύνωτος, qui a un large dos.)

Caractères. *Yeux* transverses ou plus larges que longs dans eur partie visible en dessus ; entiers, à peine rétrécis par les joues. *Prothorax* bissinué à la base. *Elytres* coupées ou paraissant coupées obliquement sur la moitié externe de leur base, pour donner place aux angles postérieurs du prothorax, qui sont plus ou moins sensiblement prolongés en arrière en forme de large dent ; à dix stries (y comprise la strie qui joint le repli) ou sillonnées : la neuvième strie parfois incomplète. *Antennes* généralement grêles, presque filiformes jusqu'au sixième article : le troisième, de moitié au moins et souvent une fois plus long que le cinquième : les quatre derniers sensiblement plus gros, presque moniliformes : les neuvième et dixième au moins plus larges ou aussi larges que longs. *Tibias antérieurs* presque cylindriques. *Corps* glabre.

Chez les premières espèces, les parties latérales du menton sont encore quelquefois un peu apparentes, mais offrent leur angle antérieur peu avancé. La région longitudinale médiaire n'est plus aussi brusquement déclive ou concave à sa partie antérieure que dans la coupe précédente ; quelquefois même la carène longitudinale médiaire semble, par une rare anomalie, se rapprocher du bord antérieur, chez quelques individus.

Ces insectes paraissent jusqu'à ce jour particuliers à l'Afrique, principalement à ses parties australes.

A Elytres obtuses ou subarrondies à l'angle huméral ; à dix stries : la neuvième, raccourcie en devant. Intervalles chargés d'aspérités.
B. Tibias antérieurs presque cylindriques, ni plans, ni râpeux en dessous.

(Genre *Eurynotus*, Kirby.)

---

[1] Transact. of the Linnean Society, t. 12 (1818), p. 418.

C. *Repli des élytres* presque la seule partie de celles-ci visible en dessous. (s. g. *Eurynotus*.)

Obs. Les Elytres offrent les troisième et quatrième stries, ou les quatrième et cinquième variablement unies à leur partie postérieure. Le troisième intervalle s'unit soit avec le neuvième soit avec le septième, d'une manière équivoque. Chez l'*E. muricatus* le menton se rapproche de la forme qu'il a chez les espèces du genre précédent; chez l'*E. asperatus* au contraire, les sillons juxta-latéraux de la partie médiaire sont moins prononcés et raccourcis en-devant.

β. Intervalles des stries de la moitié externe des élytres non garnis d'aspérités sur leur moitié antérieure. Neuvième strie naissant vers la moitié de la longueur du bord supérieur du repli. *muricatus*.

ββ. Intervalles des stries de la moitié externe des élytres garnis d'aspérités sur leur moitié antérieure. Neuvième strie naissant vers le quart de la longueur du bord supérieur du repli. *asperatus*.

1. E. muricatus.

Ovale oblong ; longitudinalement arqué ; d'un noir mat. Prothorax offrant sa plus grande largeur vers les angles postérieurs ; à strie basilaire peu interrompue. Elytres à dix stries assez faibles ; ponctuées : la neuvième naissant vers la moitié de la longueur du bord du repli où elle se lie à la marginale. Intervalles presque plans ; imponctués ; chargés la plupart d aspérités ou tubercules comprimés vers leur partie postérieure.

Eurynotus muricatus, Kirby, A Century of insect. etc., *in* the Transact. of the Linn. Societ. t. 12 (1818) p. 419. 56. pl. 22, fig. 1.

Pedinus (Eurynotus) muricatus, de Casteln. Hist. nat. t. 2. (1840) p. 209, 1.

Long. 0,0157 (7 l.). Larg. 0,078 (3 1/2 l.).

Corps ovale oblong ; longitudinalement arqué ; assez faiblement ou médiocrement convexe ; d'un noir peu ou point luisant. *Tête* assez finement ponctuée ; *menton* à carène médiaire parfois avancée, chez quelques individus, presque jusqu'au bord antérieur. *Epistome* médiocrement échancré en arc. *Antennes* à peine aussi longues que le prothorax. *Prothorax* peu échancré en arc en devant ; élargi d'avant en arrière, en ligne courbe, plus sensiblement dans la première moitié que dans la seconde; offrant vers les angles postérieurs sa plus grande largeur ; muni latéralement d'un rebord un peu plus épais ou moins étroit postérieurement ; à sinuosités basilaires médiocres, en forme d'angle très-ouvert; à rebord basilaire interrompu sur le sixième ou cinquième médiaire seulement; médiocrement convexe; pointillé ou un peu plus finement ponctué que la tête. *Ecusson* deux fois et demie aussi large que long. *Elytres* faiblement plus larges en devant que le prothorax à ses angles postérieurs; à peine élargies en ligne peu courbe jusqu'à la moitié (♂), en ogive postérieurement; à dix stries marquées de points faiblement plus larges qu'elles: les quatrième, cinquième ou cinquième et sixième variablement unies postérieurement, et plus courtes: la neuvième, naissant vers la moitié de la longueur du bord supérieur du repli où elle se lie à la marginale. *Intervalles* presque plans; impointillés, mais postérieurement chargés d'aspérités ou sortes de tubercules comprimés. *Dessous du corps* très-superficiellement ridé sur les côtés de l'antépectus. *Postépisternums* rétrécis d'avant en arrière. *Ventre* marqué de points en partie unis en sillons assez légers. *Pieds* assez robustes. *Cuisses postérieures* arquées, au moins chez le ♂.

PATRIE: Le Cap de Bonne-Espérance, (collect. Chevrolat, Deyrolle).

♂ *Jambes* simples: les antérieures légèrement arquées, moins fortement élargies à leur extrémité que les intermédiaires: les postérieures presque droites, légèrement incourbées vers le quart de leur arête externe; ciliées sur leur arête inférieure. *Cuisses postérieures* arquées et garnies en dessous d'un duvet peu épais. *Deuxième et troisième articles* des tarses antérieurs, et moins fortement ceux des intermédiaires, ciliés et dilatés: le troisième et surtout le premier, plus étroits.

♀ *Cuisses postérieures* presque glabres. *Tarses* non dilatés.

2. E. asperatus.

Ovale oblong; longitudinalement arqué; d'un noir mat, légèrement soyeux. Prothorax offrant ordinairement vers les trois cinquièmes sa plus grande largeur; à strie basilaire interrompue. Elytres à dix stries rendues moins faibles par la saillie des intervalles, ponctuées: la neuvième naissant vers le tiers antérieur du bord supérieur du repli où elle se lie à la marginale. Intervalles obsolètement pointillés; en toit assez faible à la base, graduellement plus élevé; chargés d'aspérités ou tubercules comprimés, plus prononcés à leur partie postérieure qu'à l'antérieure.

Long. 0,0112 à 0,0123 (5 à 5 1/2 l.). Larg. 0,0056 à 0,0067 (2 1/2 à 3 l.).

Corps ovale oblong; longitudinalement arqué; assez faiblement convexe; d'un noir mat, presque un peu soyeux. *Tête* ponctuée, rayée sur la suture frontale d'un sillon étroit, en demi-hexagone, c'est-à-dire suivant les limites de la suture génale. *Menton* à carène médiaire avancée à peine jusqu'aux deux tiers. *Epistome* fortement échancré. *Prothorax* échancré en devant en arc très-prononcé; élargi en ligne un peu arquée, c'est-à-dire offrant vers les trois cinquièmes sa plus grande largeur et un peu moins large ou à peine aussi large aux angles postérieurs que dans ce dernier point; muni latéralement d'un rebord assez étroit, égal, peu saillant; à sinuosités basilaires très-prononcées, en forme d'angle très-ouvert, avec les deux cinquièmes médiaires de la base en ligne presque droite et sinuée dans son milieu; muni d'un rebord basilaire très-étroit, interrompu dans son tiers médiaire; faiblement ou assez faiblement convexe; marqué de points semblables à ceux de la moitié antérieure du front, et paraissant, à une forte loupe, séparés par des espaces imperceptiblement pointillés. *Ecusson* en triangle au moins une fois plus large que long. *Elytres* un peu plus larges à la base que le prothorax à ses angles postérieurs; faiblement élargies en ligne peu courbe jusqu'à la moitié (♀) ou rétrécies faiblement jusqu'à la moitié (♂), en ogive plus ou moins étroite dans la moitié postérieure; à stries étroites, rendues moins faibles par la saillie des intervalles, marquées de points ronds, à peine moins étroits qu'elles, séparés les uns des autres par un intervalle plus grand que leur diamètre (environ 40 de ces points sur la quatrième strie): la neuvième, naissant vers le tiers antérieur du bord supérieur du repli où elle se lie à la marginale. *Intervalles* presque imperceptiblement et obsolètement pointillés; parsemés de points moins petits, peu apparents; à peine en toit en devant, relevés graduellement d'une manière plus forte en arrière; les troisième, septième et neuvième, plus saillants que les autres à leur partie postérieure: le dixième constituant sur les côtés une arête tranchante, voilant, quand l'insecte est vu en dessous, les neuvième et dixième stries et le bord supérieur du repli, à partir du milieu ou un peu moins de la longueur: ces intervalles tous chargés d'aspérités ou d'espèces de tubercules comprimés, presque linéaires, graduellement plus prononcés depuis la base jusque près de l'extrémité. *Dessous du corps* un peu luisant, superficiellement ridé sur les côtés des hanches de devant; ponctué et visiblement ridé sur le ventre. *Pieds* assez grêles; ponctués. *Cuisses postérieures* droites (♀) ou presque droites (♂): les *antérieures* un peu renflées, moins cylindriques que les suivantes. *Jambes* grêles: les antérieures et intermédiaires faiblement et graduellement renflées vers l'extrémité et très-finement denticulées ou spinosules sur leur arête externe: les postérieures presque cylindriques.

Patrie: Le Cap de Bonne-Espérance, (collect. Deyrolle).

♂ *Deuxième et troisième articles* des tarses antérieurs, et moins sensiblement ceux des intermédiaires, dilatés: le troisième et surtout le premier, plus étroits. *Cuisses* glabres.

♀ *Tarses* peu ou point dilatés.

CC. Neuvième et dixième intervalles des stries des élytres en majeure partie visibles en dessous. (s.g. *Biolus*.)

γ. Deuxième et troisième intervalles des stries des élytres sans aspérités sur leurs deux cinquièmes antérieurs. Neuvième strie naissant vers le sixième de la longueur du repli. *asperipennis*.

γγ. Deuxième et troisième intervalles des stries des élytres chargés d'aspérités sur toute leur longueur. Neuvième strie naissant près des épaules. *Norrisii*.

3. E. asperipennis.

Oblong ; d'un noir mat. Tête et prothorax assez finement ponctués. Elytres à dix stries ponctuées. Intervalles de la partie supérieure en forme de toit, chargés chacun d'une rangée longitudinale de tubercules comprimés, graduellement plus saillants d'avant en arrière : ces tubercules nuls sur les deux cinquièmes antérieurs des trois premiers. Bord supérieur du repli visible en dessus jusqu'au huitième de la longueur des étuis. Postépisternums finement ponctués.

Eurynotus asperipennis (SOLIER), in musaeo parisieo.

Long. 0,0202 (9 l.). Larg. 0,0095 (4 1/4 l.).

Corps oblong; obtusément arqué longitudinalement; faiblement convexe; d'un noir mat. *Tête* finement ponctuée. *Antennes* aussi longuement prolongées que les côtés du prothorax ; noires, avec les derniers articles d'un brun marron; à troisième article une fois environ plus long que le cinquième: les troisième à septième, grêles, presque cylindriques: les suivants plus sensiblement comprimés: le huitième, obconique: les neuvième et dixième, à peine aussi larges que longs: le onzième, presque parallèle avec les angles subarrondis, de moitié plus grand que le précédent. *Prothorax* élargi assez fortement et en ligne presque droite jusqu'à la moitié ou un peu plus, presque parallèle ou faiblement rétréci ensuite et d'une manière sensiblement sinuée; muni latéralement d'un rebord peu épais; à peu près égal; bissinué à la base; presque en ligne droite sur les trois cinquièmes médiaires de celle ci, avec les angles postérieurs prolongés médiocrement en forme de dent; à rebord basilaire étroit et non interrompu; des quatre cinquièmes environ plus large à la base que long sur son milieu; de deux cinquièmes plus large en arrière qu'en devant; faiblement convexe; légèrement en gouttière près de chaque rebord latéral; finement ou assez finement ponctué. *Elytres* un peu obliquement coupées sur la moitié externe de leur base; à angle huméral émoussé, un peu en ligne courbe; peu élargies en ligne droite jusqu'à la moitié, rétrécies ensuite en ogive sinuée même quand l'insecte est vu en dessus; faiblement convexes; à dix stries marquées de points médiocrement apparents: les deux dernières visibles seulement en dessous: la neuvième, naissant vers le sixième de la longueur du repli. *Intervalles* en forme de toit; non ridés; imponctués ou peu distinctement pointillés; chargés chacun d'une rangée longitudinale d'aspérités ou de tubercules comprimés, graduellement plus saillants d'avant en arrière : ces tubercules oblitérés sur les deux cinquièmes antérieurs des trois intervalles internes et presque oblitérés sur le quatrième : les derniers perpendiculairement coupés et presque en forme de dent à leur partie postérieure. *Dessous du corps* presque lisse et superficiellement ridé près des hanches antérieures; ridé et ruguleux près des côtés de l'antépectus. *Postépisternums* assez finement ponctués. *Ventre* ruguleux et assez finement ponctué. *Prosternum* rebordé, creusé sur sa partie médiaire, d'un sillon parfois peu marqué. *Pieds* assez grêles; simples.

PATRIE : Le Cap de Bonne Espérance, (Muséum de Paris).

♂ *Deuxième et troisième articles* des tarses antérieurs, et assez faiblement des intermédiaires, dilatés : les troisième et surtout premier articles, plus étroits.

♀ *Tarses antérieurs* assez faiblement dilatés : les autres parallèles.

4. E. Norrisii.

Oblong; d'un noir mat. Tête et prothorax ponctués d'une manière assez grossière et rugueuse. Elytres à dix stries ponctuées. Intervalles de la partie supérieure en forme de toit, ridés et chargés chacun d'une rangée longitudinale de tubercules comprimés, graduellement plus saillants d'avant en arrière. Bord supérieur du repli invisible presque immédiatement après l'angle huméral. Postépisternums grossièrement ponctués.

Eurynotus Norrisii (BUQUET).

Long. 0,0135 à 0,0168 (9 à 7 1/2 l.). Larg. 0,0061 à 0,0090 (2 3/4 à 4 l.).

Corps oblong; obtusément arqué longitudinalement; faiblement convexe; d'un noir mat. *Tête* ruguleusement ponctuée. *Antennes* aussi longuement prolongées que les côtés du prothorax; noires, avec les derniers articles moins obscurs ou fauves; à troisième article près d'une fois plus long que le cinquième: les troisième à septième, grèles, presque cylindriques: les suivants plus sensiblement comprimés: les huitième et neuvième, obtriangulaires; le dixième plus large ou aussi large que long: le onzième, presque parallèle, avec les angles subarrondis, de moitié plus long que le dixième. *Prothorax* élargi assez fortement et en ligne presque droite ou peu courbe jusqu'à la moitié ou un peu plus, presque parallèle ou faiblement rétréci ensuite en ligne droite; muni latéralement d'un rebord peu épais; bissinué à la base; presque en ligne droite sur les trois cinquièmes médiaires de celle-ci, avec les angles postérieurs prolongés médiocrement en forme de dent; muni à la base d'un rebord étroit et non interrompu; près d'une fois plus large à la base que long dans son milieu; de deux cinquièmes au moins plus large en arrière qu'en devant; faiblement convexe; légèrement en gouttière près de chaque rebord latéral qui, par là, paraît saillant; rugueusement et assez grossièrement ponctué.

Écusson transverse. *Elytres* un peu obliquement coupées dans la moitié externe de leur base; à angle huméral émoussé ou peu prononcé, un peu en ligne courbe; assez faiblement élargies jusqu'à la moitié, rétrécies ensuite en ogive paraissant peu sinuée quand l'insecte est vu en dessus; faiblement convexes; à dix stries, marquées de points médiocrement apparents: les deux dernières seulement visibles en dessous: la neuvième naissant près des épaules. *Intervalles* en forme de toit; ridés; chargés chacun d'une rangée longitudinale de tubercules comprimés, graduellement plus saillants d'avant en arrière: les derniers, perpendiculairement coupés et presque en forme de dent à leur partie postérieure. *Dessous du corps* presque lisse et superficiellement ridé près des hanches antérieures, grossièrement ponctué sur le reste de l'antépectus. *Postépisternums* grossièrement ponctués. *Ventre* densement et assez grossièrement ponctué. *Prosternum* trisillonné; obtus à sa partie postérieure. *Pieds* assez grêles; simples.

Patrie: Le Cap de Bonne-Espérance, (Muséum de Paris); (collect. Chevrolat et Deyrolle).

♂ *Deuxième et troisième articles* des tarses antérieurs et assez faiblement des intermédiaires, dilatés: les troisième et surtout premier articles, plus étroits.

♀ *Tarses antérieurs* assez faiblement dilatés: les autres, parallèles.

Obs. Cette espèce porte dans les collections les noms de *Eurynotus tuberculatus*, Dej. et *Eurynotus Norrisii*, Buquet.

Elle se distingue de l'*E. asperipennis* par sa taille plus petite; par son corps proportionnellement plus large; par son prothorax plus grossièrement et rugueusement ponctué; par ses élytres plus abruptement déclives à leur partie postérieure; chargées sur tous leurs intervalles de tubercules ou aspérités; à repli invisible en dessus presque immédiatement après l'angle huméral; par les postépisternums grossièrement ponctués.

AA. Elytres à angle huméral plus ou moins prononcé; sillonnées. Intervalles soit en totalité, soit alternativement relevés en forme de tranches, de lames ou d'arêtes.

(Genre *Solenopistoma*, SOLIER).

B. Tibias antérieurs, presque cylindriques, ni plans, ni râpeux, en dessous.

C. Intervalles alternes seulement, relevés en forme de tranches. Elytres offrant ainsi quatre larges sillons, en dessus : le marginal ordinairement en partie divisé par une côte faible et incomplète, naissant de la base. (s. g. *Solenopistoma*).

Obs. Les élytres ont une petite dent dirigée en dehors, à l'angle huméral. Leur deuxième arête ou la juxta-suturale, et la quatrième ou juxta-marginale, enclosent plus ou moins complètement la troisième ou intermédiaire, qui est plus courte.

δ. Quatrième tranche ou arête non liée postérieurement à la deuxième, non prolongée jusqu'à l'angle sutural. Prothorax non relevé en gouttière sur les côtés. Arêtes des élytres dentées sur la moitié postérieure au moins de leur tranche. *denticosta.*

δδ. Quatrième tranche prolongée jusqu'à l'angle sutural, en s'unissant postérieurement à la deuxième. Prothorax relevé en gouttière sur les côtés. Arêtes des élytres non dentées sur leur tranche. *acutus.*

5. E. denticosta.

Oblong ; très-faiblement convexe ; d'un noir mat. Prothorax rugueusement ponctué, non relevé sur les côtés. Elytres à cinq arêtes : la marginale dentée sur toute sa longueur : les autres sur leur moitié postérieure : la deuxième presque terminale : la quatrième un peu moins longue, non liée à celle-ci. Intervalles creusés d'une double rangée de points-fossettes, disposés en quinconce ; les deux intervalles externes chargés de points saillants.

Solenopistoma denticosta, DEYROLLE, in. litter.

Long. 0,0160 (4 l 2 l.). Larg. 0,0045 (2 l.).

Corps oblong; très-faiblement convexe; noir, mat ou peu luisant. *Tête* couverte de points contigus ou confluents; un peu rugueuse; marquée sur la suture frontale d'un sillon en forme d'arc ou de demi-hexagone; faiblement sillonnée après les yeux. *Antennes* à peine aussi longuement prolongées que les angles postérieurs du prothorax; noires, avec les neuvième et dixième articles moins obscurs, et le dernier d'un roux brunâtre: le troisième, filiforme, une fois plus grand que le cinquième: les cinquième à septième, faiblement obconiques, plus longs que larges: les huitième à dixième, moniliformes, plus larges que longs. *Prothorax* arqué sur les côtés, c'est-à-dire élargi assez fortement jusqu'aux quatre septièmes environ, plus faiblement rétréci ensuite; muni latéralement d'un rebord étroit, uniforme, peu saillant; en ligne presque droite, mais légèrement échancrée dans son milieu, sur les deux tiers médiaires de sa base, subsinué et courbé en arrière sur les côtés de celle-ci, avec les angles postérieurs sensiblement prolongés en forme de dent; d'un tiers environ plus large à ces angles qu'à ceux de devant; de deux tiers plus large à la base que long dans son milieu; très-faiblement convexe; couvert de points presque contigus, un peu râpeux, comme ceux de la tête. *Ecusson* petit; en triangle une fois plus large que long. *Elytres* un peu plus larges en devant que le prothorax à ses angles postérieurs; à angle huméral prononcé et un peu dirigé en dehors en forme de petite dent peu saillante; faiblement élargies jusqu'à la moitié, en ogive étroite postérieurement; légèrement convexes; convexement déclives longitudinalement à partir de la moitié de leur longueur; chargées en dessus (y comprises la suturale et la marginale) de cinq lames ou arêtes comprimées: la suturale, divergeant en devant parallèlement aux côtés de l'écusson, à partir du huitième ou du dixième antérieur: la marginale, dentelée presque en scie sur toute la longueur de sa tranche: les autres seulement sur la moitié ou le tiers postérieur: la deuxième ou juxta-suturale, presque terminale : la quatrième, liée à la base, vers la sinuosité basilaire du prothorax, un peu plus courte que la deuxième, postérieurement incourbée vers celle-ci, sans toutefois s'unir complètement à elle; non prolongée jusqu'à l'angle sutural : la troisième, à peine prolongée jusqu'aux cinq sixièmes. *Intervalles* existants entre ces arêtes, comme canaliculés par suite de l'élévation de celles-ci; creusés d'une double rangée de points-fossettes, disposés la plupart en quinconce, joignant les carènes, laissant entre eux un espace longitudinal chargé de points tuberculeux, nuls ou presque nuls sur les deux premiers intervalles, assez nombreux sur le milieu du troisième, plus nombreux et en partie comme doubles sur le quatrième; les neuvième et dixième rangées de points-fossettes visibles seulement en dessous. *Dessous du corps* ridé longitudinalement sur les côtés des hanches de devant, marqué de gros points sur le reste de l'antépectus. *Ventre* assez finemnnt ponctué. *Prosternum* rebordé, arrondi à son extrémité. *Pieds* médiocres. *Cuisses* antérieures, plus grosses: toutes marquées d'assez gros points ronds. *Jambes* simples et grossissant peu depuis la base jusqu'à l'extrémité, presque cylindriques; un peu râpeuses.

PATRIE : le Cap de Bonne-Espérance, (collect. Deyrolle).

♀ *Jambes* glabres. *Tarses* filiformes.

Nous n'avons pas vu le ♂.

6. E. acutus, WIEDEMANN.

Oblong; presque plan ; d'un noir mat. Prothorax relevé sur les côtés. Elytres à cinq arêtes non dentées sur leur tranche : la quatrième aboutissant à l'angle sutural: la deuxième ou juxta-suturale unie à celle-ci à son extrémité; chargées d'une carène plus faible et raccourcie entre la quatrième et la marginale. Intervalles marqués d'une double rangée de points unis par de fortes rides transversales.

Opatrum acutum WIEDEM. Zweiflund. neu. Kaef. von Java *in* WIEDEMANN's Zoolog. Mag. t. 2. 1. cah. (1833), p. 33. 45.

Long. 0,0095 (4 1/2 l.). Larg. 0,0039 (1 3/4 l.)

Corps oblong; presque plan; d'un noir mat. *Tête* rugueusement et assez grossièrement ponctuée; marquée sur la suture frontale, d'un sillon en demi-hexagone; transversalement sillonnée après les yeux. *Antennes* à peine aussi longuement prolongées que les trois quarts des côtés du prothorax; d'un rouge brun ou brunâtre; à deuxième article une fois au moins plus long que le cinquième: les sixième et septième, presque filiformes, faiblement obconiques, plus longs que larges: les huitième à dixième plus larges que longs: les huitième et neuvième, moniliformes: le dixième cupiforme: le onzième plus large que long. *Prothorax* arqué sur les côtés, offrant ordinairement vers les deux tiers ou un peu moins sa plus grande largeur, plus faiblement rétréci ensuite; presque en ligne droite ou à peine arqué en arrière sur les trois cinquièmes médiaires de la base, avec les angles postérieurs prolongés en espèce de dent; faiblement convexe sur les trois cinquièmes médiaires de sa largeur, et comme largement en gouttière entre cette partie discale et les bords latéraux qui sont relevés et à peine rebordés; un peu réticuleusement ponctué. *Ecusson* transverse; en triangle ou en arc dirigé en arrière; une fois au moins plus large que long. *Elytres* munies d'une petite dent dirigée de côté à l'angle huméral; faiblement élargies en ligne courbe jusqu'à la moitié ou un peu moins, rétrécies ensuite et d'une manière sensiblement sinuée avant l'extrémité, qui est tronquée; presque planes ou très-faiblement convexes; chargées en dessus (y comprises les suturale et marginale) de cinq lames ou arêtes comprimées, très étroites et unies sur leur tranche: la première ou suturale, commençant à diverger en devant à partir du cinquième antérieur, enclosant ainsi avec sa pareille l'écusson, lequel est suivi d'une très-courte carène postscutellaire: la quatrième, aboutissant à l'angle sutural en se courbant faiblement en dehors : la deuxième ou juxta-suturale, liée à son extrémité à la quatrième, qui se prolonge jusqu'à l'angle sutural : la troisième, à peine prolongée au-delà des quatre cinquièmes; offrant, entre les quatrième et cinquième carènes, une tranche plus faible, à peine prolongée jusqu'à la moitié. *Intervalles* marqués d'une double rangée de points liés par de fortes rides transverses. *Dessous du corps* entièrement marqué de gros points : ceux de l'antépectus, réticuleux ou un peu unis en sillons. *Prosternum* rayé de trois stries non prolongées jusqu'à l'extrémité. *Pieds* bruns ; ponctués, un peu râpeux. *Cuisses* antérieures un peu plus grosses.

Patrie : le Cap de Bonne-Espérance, (muséum de Paris ; collect. Chevrolat, Deyrolle).

♂ *Cuisses antérieures* et *postérieures*, ciliées en dessous, ainsi que toutes les jambes : les cuisses postérieures et les jambes de devant et de derrière plus longuement. *Trois premiers articles des tarses antérieurs*, garnis de brosses en dessous : les deuxième et troisième dilatés : les mêmes articles des tarses intermédiaires à peine plus larges que les autres.

♀ *Cuisses* et *jambes* glabres en dessous. *Deuxième* et *troisième articles des tarses antérieurs* à peine plus larges que les autres.

CC. Intervalles des sillons à la partie supérieure des élytres tous relevés en forme de toit ou d'arête ; non chargés d'aspérités sur leur tranche. Elytres offrant ainsi chacune huit sillons en dessus : les deux intervalles cachés en dessous, presque plans. Troisième arête prolongée jusqu'à l'angle sutural en s'incourbant vers celle-ci. (s. g. *Zadenos*, de Castelnau).

Obs. Les troisième et septième arêtes des élytres enclosent plus ou moins complètement les quatrième à sixième (la cinquième moins courte que les deux autres).

* Tête non enfoncée dans le prothorax jusqu'aux yeux.

Obs. Dans les espèces suivantes, le prothorax est plus large vers la moitié de sa longueur, qu'aux angles postérieurs; les élytres sont munies d'une petite dent à l'angle huméral.

ζ. Prosternum tronqué à son extrémité. *ruficornis.*

ζζ. Prosternum en pointe à son extrémité. *Bohemani.*

7. E. ruficornis. Germar.

Oblong; noir brun, ou d'un brun rougeâtre. Prothorax arqué latéralement; un peu dilaté, offrant vers la moitié ou les deux tiers sa plus grande largeur; relevé sur les côtés en large gouttière; réticuleux. Elytres munies d'une petite dent à l'angle huméral; offrant en dessus huit sillons séparés par des arêtes: les sillons pointillés et marqués chacun d'une rangée longitudinale médiaire de points moins petits: les cinquième et septième arêtes et la majeure partie de la huitième un peu plus saillantes que les autres: la troisième affaiblie en devant. Prosternum tronqué et offrant sa plus grande largeur à son extrémité.

Pedinus ruficornis, Germar. Insect. spec. p. 141, 236 (suivant l'exemplaire typique).

Opatrum longipalpe, Wiedem. Zweihund. neu. Kaef. *in* Wiedemann's Zoolog. Magaz. t. 2. 1er cah. (1833) p. 32.

Selenopistoma longipalpe, (Solier) Dej. catal. (1837) p. 211.

Pedinus (Zadenos) longipalpus, de Casteln. Hist. nat. t. 2. p. 210, 4.

Long. 0,0117 à 0,0123 (5 1/4 à 5 1/2 l.). Larg. 0,0045 à 0,0054 (2 à 2 1/2 l.).

Corps oblong; longitudinalement arqué; très-faiblement convexe; noir brun, d'un brun rougeâtre ou d'un rouge brun. *Tête* ponctuée, d'une manière râpeuse entre les yeux, et chargée entre ceux-ci d'une saillie transversale. *Antennes* à peine aussi longuement prolongées que les angles postérieurs du prothorax; à deuxième article, une fois plus long que le cinquième: les troisième à septième, plus longs que larges, presque filiformes: le huitième, obconique: les neuvième et dixième, moniliformes, plus larges que longs: le onzième, de moitié plus grand que le dixième. *Prothorax* arqué sur les côtés, offrant vers la moitié ou les quatre septièmes de sa longueur sa plus grande largeur; sans sinuosité bien sensible près des angles postérieurs; d'un tiers environ plus large à la base qu'aux angles de devant; de deux tiers au moins plus large à celle-là que long dans son milieu; bissinué à son bord postérieur, avec les trois cinquièmes médiaires de celui-ci, légèrement arqués en arrière, et les angles postérieurs un peu plus prolongés en forme de large dent; muni d'un rebord étroit à la base; faiblement convexe sur les trois cinquièmes médiaires de sa surface, relevé sur les côtés et formant par là, entre ceux-ci et sa partie médiaire, une large gouttière dont le centre aboutit vers le point du bord postérieur intermédiaire entre la sinuosité et l'angle de derrière; réticuleusement ponctué; sans trace de sillon médiaire. *Ecusson* transverse. *Elytres* un peu plus larges en devant que le prothorax; munies à l'angle huméral d'une petite dent dirigée en dehors; élargies en ligne sensiblement courbe jusqu'à la moitié, en ogive un peu étroite et non sinuée près de l'extrémité, dans leur seconde moitié; faiblement convexes; subconvexement déclives longitudinalement à partir de la moitié de leur longueur; offrant en dessus huit sillons et neuf arêtes (y comprises les juxta-suturale et marginale): les sillons finement et légèrement ponctués et marqués chacun d'une rangée longitudinale de points moins petits: les cinquième et septième arêtes et la majeure partie de la troisième, un peu plus saillantes que les autres: la troisième, affaiblie en devant ou moins saillante que la septième, postérieurement incourbée vers l'angle sutural, au-devant duquel elle s'unit à sa pareille de l'autre étui: la deuxième, presque aussi longue que la troisième: la septième, à peine moins longue, non liée à la troisième à son extrémité, aboutissant en devant à l'angle huméral en se courbant en dehors: la cinquième, prolongée jusqu'aux quatre cinquièmes ou un peu plus: les quatrième, sixième, huitième, un peu plus courtes, affaiblies à leur extrémité: les deux intervalles voisins du repli paraissant n'en former qu'un ; non séparés par une arête. *Dessous du corps* souvent moins obscur ou plus rougeâtre que le dessus ; marqué de gros points sur les parties pectorales ; ponctué plus finement sur le ventre. *Prosternum* tronqué et offrant sa plus grande largeur à son extrémité ; souvent relevé en pointe ou chargé d'un tubercule vers le milieu de celle-ci. *Pieds* grêles ; simples.

PATRIE : Le Cap de Bonne-Espérance, (collect. Germar et Schaum, *type* ; collect. Chevrolat, Deyrolle).

♂ *Cuisses de devant, jambes antérieures* et *postérieures* ciliées en dessous : les antérieures moins grêles que les autres. *Trois premiers articles des tarses antérieurs* garnis de brosses ou de ventouses en dessous : les deuxième et troisième, dilatés.

♀ *Cuisses* et *jambes* glabres en dessous : les antérieures à peu près aussi grêles que les autres. *Tarses* non pourvus de brosse ou de sortes de ventouses en dessous ; à articles non dilatés.

8. E. Bohemani.

Oblong ; d'un noir mat. Prothorax sensiblement sinué sur les côtés, près des angles postérieurs ; relevé latéralement en gouttière assez large ; offrant les faibles traces d'une ligne longitudinale médiane. Elytres offrant en dessus huit sillons séparés par des arêtes : ces sillons rugueusement pointillés et marqués chacun d'une rangée longitudinale de points moins petits : les arêtes presque égales. Prosternum rétréci en pointe relevée à son extrémité.

Long. 0,0090 (4 l.). Larg 0,039 (1 3/4 l.).

Corps oblong ; obtusément arqué longitudinalement, c'est-à-dire presque plan depuis les quatre septièmes du prothorax jusqu'à la moitié des élytres ; très-faiblement convexe transversalement ; d'un noir mat. *Antennes* d'un brun rouge. *Prothorax* arqué sur les côtés, sensiblement sinué près des angles postérieurs qui sont un peu dirigés en dehors; bissinué à la base; faiblement convexe en dessus, sur les deux tiers médiaires de sa surface, médiocrement relevé sur les côtés, et formant par là, entre ceux-ci et la partie médiaire, une gouttière large et peu profonde, dont le centre semble dirigé vers le point du bord postérieur formant à peu près les trois cinquièmes de l'espace existant entre chaque sinuosité basilaire et l'angle de derrière; offrant les traces plus ou moins apparentes d'une ligne longitudinale médiaire ou d'un sillon léger un peu plus déprimé ou formant une très-légère fossette au-devant de la base; présentant les traces moins distinctes de deux fossettes à peine apparentes, situées chacune près de la base, entre la ligne médiane et chaque sinuosité basilaire. *Elytres* obtusément arrondies à l'extrémité et à peine sinuées latéralement près de celle-ci, offrant en dessus huit sillons et neuf arêtes : celles-ci presque égales: la troisième au moins aussi saillante en devant que la septième, aboutissant à l'angle sutural, en s'incourbant vers celui-ci: la septième, non liée postérieurement à la troisième: les sillons ruguleusement et finement ponctués, et marqués chacun d'une rangée longitudinale de points moins petits. *Prosternum* rétréci en pointe et relevé à son extrémité. *Tibias antérieurs* presque cylindriques.

PATRIE: Le Cap de Bonne-Espérance, (collect. Chevrolat, Deyrolle).

♂ *Jambes antérieures* et *postérieures* et plus brièvement les *cuisses* de derrière, ciliées. *Trois premiers articles des tarses antérieurs* garnis en dessous d'une brosse serrée ou de sortes de ventouses: le deuxième et troisième articles dilatés.

♀ *Jambes* glabres. *Tarses* sans ventouses ni brosse; non dilatés.

Nous avons dédié cette espèce à M. Bohéman, dont les

talents ont depuis longtemps popularisé le nom parmi les entomologistes.

Obs. L'exemplaire de la collection de M. Chevrolat que nous avons eu sous les yeux est un ♂. Il a le corps plus étroit; le prothorax plus sensiblement relevé en gouttière sur les côtés; les sillons des élytres un peu plus étroits, paraissant par là un peu plus profonds, plus sensiblement ponctués, moins unis; la troisième côte aussi saillante en devant que la septième: la cinquième, non avancée jusqu'à la base: la septième, paraissant presque unie à la troisième. Chez l'exemplaire de la collection Deyrolle, qui est une ♀, le corps, comme le même sexe en offre ordinairement l'exemple, est un peu plus large; le prothorax offre à peine des traces d'une gouttière juxta-latérale; les élytres ont des sillons plus larges, plus faibles, moins sensiblement ponctués; le troisième intervalle est à peine aussi saillant en devant que le septième: le cinquième, s'avance jusqu'à la base, et le septième est plus visiblement isolé du troisième à sa partie postérieure; mais ce ne sont là que de légères variations que présentent la plupart des espèces.

ss. Tête enfoncée dans le prothorax jusqu'aux yeux.

Obs. Dans l'espèce suivante, le prothorax offre vers la base sa plus grande largeur.

9. E. Delalandii.

Ovale oblong; faiblement convexe; noir ou noir brun mat ou peu luisant. Prothorax élargi d'avant en arrière, offrant vers les angles postérieurs sa plus grande largeur; ponctué, avec quelque tendance à la réticulation; sans gouttière près de ses bords. Elytres offrant en dessus huit sillons séparés par des intervalles en toit: ces sillons pointillés et marqués d'une rangée longitudinale médiaire de points moins petits. Prosternum rebordé. Tibias antérieurs presque cylindriques.

Long. 0,0087 à 0,0090 (3 7/8 à 4 l.). Larg. 0,0042 à 0,0045 (1 7/8 à 2 l.).

Corps ovale oblong; faiblement convexe; noir ou d'un noir brun mat ou peu luisant. *Tête* ponctuée, plus grossièrement sur le front; déprimée ou largement sillonnée sur la suture frontale. *Antennes* noires ou brunes à la base, graduellement d'un rouge brun ou brunâtre à l'extrémité, quelquefois d'un brun rouge passant graduellement au rouge brun à l'extrémité; prolongées environ jusqu'aux quatre cinquièmes des côtés du prothorax; grossissant sensiblement à partir du septième article: le troisième de moitié ou des deux tiers plus long que le cinquième: les sixième à huitième obconiques: les neuvième et dixième plus larges que longs: le onzième presque orbiculaire, au moins aussi large et de moitié plus long que le précédent. *Prothorax* élargi d'avant en arrière, en ligne courbe sur le tiers antérieur, en ligne à peu près droite postérieurement; muni latéralement d'un rebord peu épais, égal, médiocrement saillant; assez faiblement bissinué à la base, avec le tiers médiaire de celle-ci en ligne droite, et les angles sensiblement plus prolongés en arrière; muni d'un rebord basilaire non interrompu; assez faiblement convexe; légèrement inégal; offrant souvent sur son tiers postérieur les traces plus ou moins marquées d'un sillon longitudinal médiaire, marqué de points assez fins et rapprochés non réticuleux. *Ecusson* petit; presque en demi-cercle. *Elytres* aussi larges ou à peine plus larges en devant que le prothorax à ses angles postérieurs; munies d'une petite dent à l'angle huméral; un peu obliquement coupées sur les deux cinquièmes externes de leur base; faiblement élargies jusqu'aux deux cinquièmes, en ogive obtuse à l'extrémité; faiblement ou assez faiblement convexes: à dix sillons (huit seulement visibles en dessus): les deux ou trois premiers ordinairement affaiblis en devant et parfois presque réduits à des stries : ces sillons marqués dans leur milieu d'une rangée longitudinale de points petits et souvent peu distincts, pointillés sur les côtés. *Intervalles* en forme de toit: les deux premiers plus ou moins affaiblis en devant : les autres en arête lisse et assez vive sur leur tranche : le huitième dirigé vers l'angle postérieur du prothorax : le septième, aboutissant par conséquent en devant à un point de la base situé en dedans de l'angle précité, lié à l'angle huméral par une ligne élevée transverse plus ou moins marquée : le septième intervalle lié postérieurement au troisième, et prolongé avec lui jusqu'à l'angle sutural, enclosant ainsi les quatrième à sixième : le cinquième, plus long que ses deux voisins : les neuvième et dixième intervalles, visibles seulement en dessous ; plans, ponctués ainsi que le repli. *Dessous du corps* ponctué sur les côtés de l'antépectus. *Ventre* plus finement ou moins grossièrement ponctué. *Prosternum* rebordé, relevé à son extrémité. *Tibias antérieurs* presque cylindriques.

Patrie : l'Afrique méridionale, (muséum de Paris).

Cette espèce a été découverte par M. Delalande à qui nous l'avons dédiée.

♂ *Trois premiers articles des tarses antérieurs* garnis en dessous d'une brosse serrée ou de sortes de ventouses : les deuxième et troisième, dilatés.

♀ *Tarses* non garnis de ventouses et peu ou point dilatés.

Obs. Dans la collection du muséum de Paris se trouvait, avec l'exemplaire que nous venons de décrire, un autre individu paraissant constituer une espèce particulière (*E. capriciosus*). Ce dernier s'éloigne du précédent, par son corps plus ovalaire, moins parallèle sur la moitié médiaire de sa longueur ; par ses élytres non munies d'une dent à l'angle huméral ; par le septième intervalle non lié au dit angle, vers la base, par une petite ligne ou arête transverse ; mais cet insecte trouvé également par M. Delalande, et probablement dans les mêmes lieux que l'*E. Delalandii*, a d'ailleurs tant de ressemblance avec celui ci, que les différences que nous venons de signaler ne sont peut-être qu'une variation de l'espèce. Dans tous les cas, ces modifications forment une transition avec les caractères que présente l'*E. rugicollis*.

BB. Tibias antérieurs élargis, plans et râpeux en dessous. Elytres sans dent à l'angle huméral. (Genre *Minorus*.)

10. **E. rugicollis.**

Ovale oblong; assez faiblement convexe; brun ou brun noir. Prothorax élargi en ligne courbe jusqu'aux angles postérieurs; réticuleux; très-médiocrement convexe, avec une faible gouttière près de ses bords. Elytres sans dent à l'angle huméral; offrant chacune en dessus huit sillons séparés par des arêtes: les sillons chargés de saillies transverses saillantes et de points tuberculeux latéraux. Intervalles étroits en forme de tranches : le septième, postérieurement non lié au troisième.

Solenopistoma rugicollis, Chevrolat, *in collect.*

Long. 0,0067 (3 l.).Larg. 0,0030 (1 1/3 l.).

Corps ovalaire ou ovale oblong; assez faiblement convexe; brun ou d'un noir brun mat. *Tête* ponctuée d'une manière finement rugueuse ou réticuleuse. *Epistome* et *palpes* d'un rouge brun ou brunâtre. *Antennes* de même couleur ou à peu près; à peine prolongées au-delà des trois cinquièmes des côtés du prothorax; à troisième article près d'une fois plus grand que le cinquième: les trois derniers renflés en forme de massue oblongue. *Prothorax* élargi en ligne courbe jusqu'aux angles postérieurs; bissinué à la base, avec le tiers médiaire de celle-ci, presque en ligne droite et un peu plus prolongée en arrière que les angles; assez faiblement ou très-médiocrement convexe, avec ses bords sensiblement relevés et formant par là une gouttière peu profonde à leur côté interne; réticuleux ou marqué de gros points séparés par des intervalles tranchants. *Ecusson* transverse. *Elytres* à peu près aussi larges ou à peine plus larges en devant que le prothorax à ses angles postérieurs; un peu obliquement coupées dans la moitié externe de leur base; non munies d'une petite dent dirigée en dehors à l'angle huméral; faiblement élargies à partir de l'angle huméral jusqu'à la moitié, en ogive étroite postérieurement; assez faiblement ou très-médiocrement convexes; à dix sillons: huit visibles en dessus, profonds, marqués chacun dans le fond d'une rangée longitudinale de saillies transverses faisant paraître ces sillons ridés transversalement; notés en outre d'une rangée latérale de petits points: les neuvième et dixième sillons plans ou à peine convexes, visibles seulement en dessus. *Intervalles* des sillons de la partie supérieure étroits, en forme de tranche: le sutural divergeant en devant pour enclore l'écusson: le troisième prolongé jusqu'à l'angle sutural, en s'incourbant vers celui-ci: le septième, non lié postérieurement au troisième: ces deux sillons enclosant les quatrième à sixième: le cinquième plus long que les deux autres. *Dessous du corps* brun ou d'un noir brun; marqué de points grossiers et un peu râpeux sur les parties latérales et antérieure de l'antépectus; marqué de points ronds et un peu moins gros sur le ventre. *Prosternum* rugueusement ponctué; sans traces de sillon. *Pieds* d'un rouge brun; tibias antérieurs un peu dilatés, plans et râpeux, en dessous, (au moins chez la ♀, la seule que nous ayons vue).

Patrie: Le Cap de Bonne-Espérance, (collect. Deyrolle).

♀ *Tibias* glabres en dessous. *Tarses* antérieurs non dilatés.

Genre *Lasioderus.*

(Λάσιος, garni de poils; δέρος, peau).

Caractères. — *Yeux* transverses ou plus larges que longs dans leur partie visible en dessus; entiers, peu ou point rétrécis par les joues. *Prothorax* pubescent; faiblement bissinué à la base. *Elytres* en ligne droite à la base; à neuf sillons, dont huit visibles en dessus: dernier intervalle seul visible en dessous. *Tibias antérieurs* un peu élargis, plans et râpeux en dessous (au moins chez la ♀).

1. L. sulcipennis.

Ovale oblong; assez faiblement convexe; brun. Prothorax élargi en ligne courbe jusqu'au tiers, presque parallèle ou faiblement élargi ensuite; en ligne presque droite ou à peine bissinuée à la base; pubescent; ponctué; en gouttière assez faible près des côtés. Elytres en ligne droite à la base; munies à l'épaule d'une petite dent dirigée en dehors; à neuf sillons (huit visibles en dessus), marqués chacun dans le fond d'une rangée de points assez gros séparés entre eux par des espaces à peu près lisses. Intervalles saillants en forme d'arête; peu distinctement garnis de poils: le septième postérieurement lié au troisième. Labre, palpes, antennes et pieds ordinairement d'un fauve testacé.

Long. 0,0061 (2 3/4 l.). Larg. 0,0023 (1 l.).

Corps oblong; assez faiblement convexe; brun; visiblement pubescent sur la tête et le prothorax, peu distinctement sur les élytres. *Tête* réticuleusement ou rugueusement ponctuée; sillonnée sur la suture frontale. *Labre* et *palpes* d'un fauve testacé. *Antennes* prolongées environ jusqu'aux trois cinquièmes ou un peu plus des côtés du prothorax; pubescentes; d'un rouge testacé, graduellement plus claires vers l'extrémité; grossissant graduellement vers celle-ci; à troisième article de moitié à peine plus long que le suivant: les huitième à dixième en ovale transverse: le onzième de moitié plus long que le précédent. *Prothorax* élargi en ligne courbe d'avant en arrière, d'une manière assez marquée sur le premier tiers, presque parallèle ou peu sensiblement élargi ensuite; en ligne presque droite à la base ou du moins sur les deux tiers médiaires, à peine sinué à chaque sixième ou septième externe, avec les angles postérieurs très-faiblement dirigés en arrière et prononcés; médiocrement convexe, avec les bords latéraux relevés et formant par là une gouttière à leur côté interne; marqué de points assez gros donnant naissance à un poil soyeux assez long. *Ecusson* en triangle plus large que long. *Elytres* à peu près en ligne droite à la base; offrant à l'angle huméral une très-petite dent dirigée en dehors; presque parallèles jusqu'aux trois cinquièmes; en ogive étroite postérieurement; assez faiblement convexes; à neuf sillons: dont huit seulement visibles en dessus: ces sillons, marqués dans le fond d'une rangée longitudinale de points ronds assez gros, séparés entre eux par des espaces lisses, notés de chaque côtés d'une rangée de points assez petits. *Intervalles* étroits, saillants en forme d'arête; garnis près de leur tranche de poils laineux, cendrés, courts, fins, peu apparents: le sutural divergeant en devant pour enclore, avec son pareil, l'écusson: les troisième et septième postérieurement unis et prolongés après leur réunion jusqu'à l'angle sutural: le septième, aboutissant en devant à l'angle huméral, en se courbant en dehors: les troisième et septième postérieurement unis en enclosant les quatrième à sixième: le cinquième plus long que les deux autres. *Repli* assez grossièrement ponctué. *Dessous du corps* parcimonieusement pubescent; d'un rouge brun ou d'un brun rouge; marqué d'assez gros points, moins gros sur le ventre que sur les côtés de l'antépectus. *Prosternum* ponctué, peu distinctement rebordé. *Pieds* d'un fauve testacé; pubescents; tibias antérieurs un peu élargis; plans et râpeux en dessous.

PATRIE: Le Cap de Bonne-Espérance, (collect. Chevrolat).

DEUXIÈME RAMEAU.

LES ISOCÉRATES.

CARACTÈRES. — *Yeux* à peine aussi larges que longs dans

leur partie visible en dessus ; en partie coupés par les joues. *Tibias antérieurs* élargis, presque plans et râpeux en dessous. *Troisième article des antennes* une fois plus long que le cinquième.

Ce rameau est réduit au genre suivant.

Genre *Isocerus*, Isocère ; (Megerle (1) Latreille (2).

(Ἴσος, égal ; Κέρας, corne)

Caractères. — *Antennes* filiformes et assez grêles jusqu'au septième article : les huitième à dixième un peu plus gros, submoniliformes ou cupiformes : le onzième de moitié plus long que le dixième. *Prothorax* faiblement bissinué à la base. *Élytres* en ligne à peu près droite à la base ; subacuminées postérieurement ; à neuf stries, y comprise la voisine du repli : celle-ci en partie invisible en-dessus.

Obs. Les troisième et sixième, et septième et huitième stries sont ordinairement unies à leur partie postérieure : les troisième et sixième, en enclosant les quatrième et cinquième.

1 purpurascens ; Herbst.

Oblong ; longitudinalement arqué ; médiocrement convexe ; d'un rouge brunâtre, ordinairement plus clair sur les étuis que sur la tête et le prothorax : celui-ci, finement ponctué. Élytres subacuminées postérieurement : à neuf stries ponctuées (environ 40 points sur la qua-

---

(1) Illiger (magas. t. 1, p. 341), avait indiqué une coupe nouvelle à former, sous le nom d'*Isocerus*, avec le *Tenebrio obscurus* de Fabricius. Megerle (Dej. catal. (1821), p. 66 et Dahl, catal. (1823), p. 42) a appliqué la même dénomination à un genre proposé par lui avec l'insecte décrit ci-après.

(2) Latreille, Règne anim. de Cuvier, partie entom. t. 2, p 20.

trième). *Intervalles plans ou à peu près, superficiellement pointillés, parfois légèrement ruguleux.*

Helops ferrugineus, FABRICIUS, Suppl. Entom. syst. (1798), p. 53. 26.

Tenebrio ferrugineus, FABR. Syst, Eleuth. t. 1, p. 148. 23. (Suivant l'exemplaire typique) — SCHOEN. Syn. ins. t. 1, p. 131. 28.

Tenebrio purpurascens, HERBST, Naturs. t. 8 (Kaef.) p. 20 . 44, pl. 190, fig. 1.

Opatrum purpurascens, OLIV. Encycl. méth. t. 8 (1811) p. 500 . 24.

Isocerus purpurascens, DEJ. Catal. (1821) p. 66 — DAHL. Catal. (1823), p. 42.

Isocerus ferrugineus, DEJ. Catal. (1837) p. 212. — LUCAS, Explorat. scient. de l'Algérie, p. 331. 902. — KUESTER, Kaef. eur. 1. 46.

Pedinus (Isocerus) ferrugineus. de CASTELN. Hist. nat. t. 2. p. 210.

Corps oblong; longitudinalement arqué; convexe; d'un rouge brun sur la tête et le prothorax, d'un rouge brunâtre sur les élytres. *Tête* ponctuée assez finement; ruguleuse sur le front. *Antennes* aussi longuement (♂) ou un peu moins longuement (♀) prolongées que les côtés du prothorax; pubescentes, d'un rouge fauve ou d'un rouge brunâtre. *Prothorax* élargi en ligne un peu courbe jusqu'au tiers ou aux deux cinquièmes de la longueur de ses côtés, presque parallèle ensuite, ou parfois graduellement et faiblement élargi; assez faiblement bissinué à la base avec les trois cinquièmes de celle-ci en ligne droite ou à peine échancrée dans son milieu, et les angles à peine aussi prolongés en arrière que la partie médiaire; très-étroitement rebordé sur les côtés; muni à la base d'un rebord très-étroit, interrompu dans son milieu ; très-médiocrement convexe ; marqué de points un peu plus petits que ceux de la tête. *Ecusson* transverse. *Elytres* à peine plus larges à l'angle huméral qui est prononcé, que le prothorax à sa partie postérieure ; faiblement anguleuses à la base, vers la partie correspondant à la sinuosité basilaire, un peu obliquement coupées en dehors de ce point; presque parallèles jusqu'au tiers, faiblement rétrécies en ligne courbe jusqu'aux trois cinquièmes, subacuminées postérieurement ; médiocrement convexes; à neuf stries marquées de points ne crénelant pas les intervalles, séparés longitudinalement les uns des autres par un espace plus petit que leur diamètre (environ 40 sur la quatrième) : les première et deuxième presque terminales : la première ordinairement liée à la neuvième : la troisième à la sixième, en enclosant les quatrième et cinquième : les neuvième et huitième égales en longueur aux troisième et quatrième : la cinquième aboutissant habituellement au point le plus avancé de la sinuosité basilaire du prothorax. *Intervalles* plans ou presque plans ; pointillés, souvent d'une manière superficielle, d'autres fois d'une manière ruguleuse ou en forme de rides très-fines. *Bord supérieur du repli* peu visible en dessus depuis le huitième jusqu'aux trois quarts environ de la longueur : ce repli graduellement élargi et moins déclive à partir de ses quatre cinquièmes jusqu'à l'angle sutural. *Dessous du corps* superficiellement ponctué et ridé sur les côtés de l'antépectus ; pointillé sur le ventre, ridé sur le milieu de la moitié antérieure de celui-ci. *Pieds* assez grêles : cuisses antérieures et intermédiaires médiocrement renflées : les postérieures parallèles. *Jambes de devant* comprimées ; assez fortement élargies depuis la base jusqu'à l'extrémité.

Patrie : les parties méridionales de l'Espagne ; le Portugal.

♂ *Cuisses antérieures* garnies en dessous de cils flavescents : les *postérieures* un peu arquées. *Jambes* arquées plus ou moins sensiblement : les *antérieures* sur toute leur longueur : les *intermédiaires* à partir du tiers : les *postérieures* à partir du sixième voisin de la base : celles-ci obliquement coupées sur leur côté postéro-interne. *Trois premiers articles des tarses antérieurs* dilatés : le troisième un peu plus que les autres.

♀ *Cuisses antérieures* glabres : *cuisses postérieures* et *jambes* peu ou point arquées. *Tarses* non dilatés.

Obs. La ponctuation du prothorax et des élytres varie de finesse ; elle est plus ou moins serrée ; les intervalles, souvent presque plans, sont d'autres fois sensiblement convexes, souvent très-finement ridés.

Obs. Suivant M. Schiœdte, le savant conservateur du Muséum de Copenhague, cet insecte est bien certainement le *Tenebrio ferrugineus* de Fabricius. L'individu typique existe encore dans cet établissement. L'exemplaire du *Systema Eleutheratorum* provenant de la bibliothèque de Schestedt porte écrit de sa main : *Tenebrio ferrugineus*. — *T. purpurascens*, Herbst. — *Opatrum purpurascens*, Illig. — *Opatrum angustatum*, Helwig. Comment les mots *elytris subvillosis* ont-ils pu se glisser dans la diagnose? Seraient-ils un *lapsus calami* du savant professeur de Kiel ? Proviendraient-ils d'une faute typographique ? Au lieu de *subvillosis* faudrait-il lire *subulatis*? Cette dernière explication, due à M. Schiœdte, me semble très-ingénieuse et très-probable. Quoi qu'il en soit, la description de Fabricius ne laissant pas la possibilité de reconnaître l'insecte, le nom donné à celui-ci par Herbst, doit être adopté.

Suivant M. Chevrolat, qui a visité la collection de Kiel, le *Tenebrio ferrugineus* serait une sorte de *Crypticus*, aux élytres un peu pubescentes; mais la collection de Kiel ne saurait avoir de valeur en cette occasion, puisque Fabricius cite le cabinet de Schestedt.

DEUXIÈME BRANCHE.

LES PANDARAIRES.

Caractères. — *Menton* généralement plus large que long; ordinairement élargi, en ligne courbe, d'arrière en avant; souvent échancré en devant; soit presque plan, soit obtusément et faiblement relevé longitudinalement sur la moitié longitudinale médiaire, et déprimé sur sa moitié antérieure.

Antennes moins longuement ou à peine plus longuement prolongées que les angles postérieurs du prothorax; presque de même grosseur ou grossissant faiblement et subcomprimées vers l'extrémité; à troisième article moins de deux fois aussi long que le suivant : les troisième à sixième non filiformes : les neuvième et dixième submonoliformes.

Yeux visibles partie en dessus, partie en dessous de la tête ; entiers ou incomplètement coupés par les joues ; quelquefois paraissant coupés par celles-ci, mais alors plus larges que longs dans leur partie visible en dessus.

Prothorax toujours appuyé sur la base des élytres ; bissinué à son bord postérieur, avec les trois cinquièmes postérieurs de celui-ci plus ou moins sensiblement arqués en arrière, et les angles postérieurs en forme de large dent, dont l'extrémité est logée dans une fossette de la base des étuis.

Elytres un peu plus larges en devant que le prothorax à ses angles postérieurs ; obliquement coupées chacune sur les deux cinquièmes externes de leur base pour donner place aux angles postérieurs du prothorax ; rétrécies à partir du tiers ou des deux cinquièmes, en ogive obtuse ou subarrondies à l'extrémité et le plus souvent subsinuées près de celle-ci ; à neuf stries ou rangées striales de points ; à dernier intervalle au moins en majeure partie visible, quand l'insecte est vu en dessous.

Dessous du corps grossièrement ponctué, ou à sillons ponctués sur les côtés de l'antépectus ; souvent marqué de rides ou de sillons légers et longitudinaux sur le ventre.

Prosternum généralement plus prolongé en arrière que les hanches de devant.

Postépisternums habituellement un peu plus larges vers le milieu que postérieurement.

Pieds médiocres ; simples chez les ♀ ; de formes variables chez les ♂. *Tarses* ordinairement garnis sous les deux ou trois premiers articles des tarses de devant et souvent des intermédiaires, d'un duvet serré en forme de brosse ou faisant l'office de ventouses, chez le ♂, rarement chez la ♀.

Corps ovalaire, oblong ou suballongé ; souvent arqué longitudinalement ; jamais très convexe.

Ils peuvent être répartis de la manière suivante :

GENRES.

Yeux
- visiblement entiers ; transversalement dirigés sur le front. Tête non enfoncée dans le prothorax jusqu'aux yeux. Antennes à peu près aussi longuement prolongées que les angles postérieurs du prothorax : celui-ci échancré en devant en arc dirigé en arrière et non bissinué. Premier article des tarses postérieurs à peu près aussi long que les deux suivants réunis et que le dernier. — *Pandarus*.
- en grande partie coupés par les joues ; le plus souvent obliques. Elytres offrant ordinairement une très-faible sinuosité après l'angle huméral.
  - Tête non enfoncée dans le prothorax ; ce dernier moins avancé à ses angles de devant que le bord postérieur des yeux. Ceux-ci ordinairement obliquement dirigés sur le front, rarement transverses, mais alors le bord antérieur du prothorax est à peu près en ligne droite. — *Pandarinus*.
  - Tête enfoncée dans le prothorax : ce dernier bissinueusement échancré en devant, plus avancé à ses angles antérieurs que le bord postérieur des yeux : ceux-ci transversalement dirigés sur le front. Premier article des tarses postérieurs visiblement plus court que les deux suivants réunis et que le dernier. — *Bioplanes*.

Genre *Pandarus*, PANDARE ; (MEGERLE) (1).

(Πάνδαρος, vulgaire.)

CARACTÈRES. — *Yeux* visiblement entiers; transverses; ordinairement peu rétrécis dans leur milieu par les joues. *Tête* non enfoncée dans le prothorax jusqu'aux yeux: ceux-ci, suivis d'un bourrelet moins court que leur diamètre longitudinal, examiné surtout dans le milieu: ce bourrelet, suivi d'un rétrécissement assez brusque. *Antennes* à peine plus longuement ou un peu moins prolongées que les angles postérieurs du prothorax; un

(1) DAHL, catal. (1823) p. 42.

peu plus longues chez le ♂ que chez la ♀; à troisième article de moitié environ plus long que le suivant: les quatrième à septième, généralement plus longs que larges, ordinairement obconiques: les neuvième et dixième, submoniliformes, un peu moins larges (surtout chez les ♀), ou à peine plus larges que longs: le dernier, de figure un peu variable suivant les espèces ou les sexes. *Prothorax* échancré à son bord antérieur, en arc dirigé en arrière et souvent bissinué; bissinué à la base, avec les angles postérieurs dirigés en arrière en forme de large dent: chaque sinuosité basilaire, située vers le cinquième ou rarement vers le sixième externe de la base. *Elytres* plus sensiblement élargies dans leur milieu chez les ♀; rétrécies à partir des trois cinquièmes et ordinairement d'une manière sinuée avant l'extrémité qui est en ogive obtuse ou subarrondie; subconvexement déclives à leur partie postérieure. *Tarses* généralement garnis en dessous, surtout chez le ♂, d'un duvet roussâtre: premier article des postérieurs à peu près aussi long que les deux suivants réunis; à peu près aussi long ou parfois plus long que le dernier.

Les ♂ ont les jambes ou du moins les antérieures et postérieures souvent plus ou moins arquées; les deux ou trois premiers articles des tarses antérieurs et souvent des intermédiaires, garnis en dessous d'un duvet serré et coupé en forme de brosse ou faisant l'office d'espèce de ventouses; les deuxième et troisième articles des tarses antérieurs et souvent, mais moins fortement les mêmes des tarses intermédiaires, dilatés. Ils présentent en outre divers caractères, variables suivant les espèces.

Les ♀ ont les jambes droites ou peu arquées; un peu moins longues. Elles n'ont en général les articles des tarses garnis en dessous que d'un duvet flexible; rarement elles offrent des sortes de brosse, et dans ce cas cette brosse est divisée par une raie longitudinale; quelquefois les deuxième et troisième articles des tarses antérieurs sont un peu dilatés: les intermédiaires, jamais.

α. Septième intervalle des élytres, à partir de la suture, saillant en forme d'arête sur toute sa longueur. Prothorax réticuleusement ponctué. Prosternum creusé d'un seul sillon. Jambes intermédiaires non sillonnées sur leur arête externe.

Obs. Jambes antérieures des ♂ sans échancrure vers l'extrémité de leur arête interne : les intermédiaires et postérieures dépourvues à leur côté interne d'une bande linéaire de duvet flavescent.

β. Prothorax non rayé d'une ligne longitudinale médiaire ; peu brusquement rétréci vers les cinq sixièmes.

♂ Jambes antérieures non sillonnées en dessous : les intermédiaires n'offrant pas, outre les deux éperons, une pointe vers l'extrémité de leur arête inférieure ou interne. Trois premiers articles des tarses antérieurs garnis en dessous d'un duvet serré en forme de brosse : les mêmes des intermédiaires garnis d'un duvet flexible divisé par une ligne médiaire. Trois premiers articles des tarses intermédiaires parallèles. *carinatus.*

ββ. Prothorax rayé d'une ligne longitudinale médiaire ; brusquement rétréci en ligne courbe vers les cinq sixièmes de ses côtés et parallèle ou presque parallèle ensuite.

♂ Jambes antérieures sillonnées en dessous : les intermédiaires munies vers l'extrémité de leur arête inférieure, d'une petite pointe indépendante des deux éperons. Trois premiers articles des tarses antérieurs et intermédiaires munis en dessous d'un duvet serré en forme de brosse ; les deuxième et troisième articles des tarses antérieurs et plus faiblement ceux des intermédiaires, dilatés. *coarcticollis.*

αα. Intervalle non en forme d'arête prononcée sur toute sa longueur ; quelquefois cependant un peu plus saillant, mais alors bord supérieur du repli, invisible en dessus après l'angle huméral, ou parallèle avec son semblable, et prosternum à trois sillons : les deux latéraux le plus souvent en forme de strie ou de ligne.

Obs. Les ♂ des premières espèces, et jusqu'à ce qu'il en soit fait mention, ont les cuisses glabres en dessous ; les jambes de devant sans échancrure ; les intermédiaires et postérieures sans bande longitudinale linéaire de duvet à leur côté interne.

γ. Bord supérieur du repli débordant les élytres en forme de ligne arquée depuis l'angle huméral jusqu'au dixième ou au douzième de la longueur et visible sur cet espace, quand l'insecte est examiné perpendiculairement en dessus.

δ. Antépectus creusé au moins d'un sillon transverse profond entre son bord antérieur et les hanches de devant.

♂ Jambes de devant non sillonnées en dessous : les intermédiaires sans pointe vers l'extrémité de leur arête inférieure. Tarses comme chez l'espèce précédente. *pectoralis*.

δδ. Antépectus non creusé d'un sillon transverse profond entre son bord antérieur et les hanches de devant.

ι. Jambes de devant non sillonnées sur leur arête externe ou au côté antéro-interne de celle-ci. Rebord du prothorax non saillant.

♂ Jambes antérieures non sillonnées sur leur arête externe : les intermédiaires munies d'une pointe très-apparente. Tarses à peu près comme dans l'espèce précédente : les deuxième et troisième articles des antérieurs plus larges que la jambe à son extrémité. *Aubei*.

ιι. Jambes de devant offrant les traces plus ou moins prononcées d'un sillon sur leur arête externe ou au côté antéro-externe de celle-ci. Rebord du prothorax graduellement épaissi et un peu saillant vers les trois cinquièmes de sa longueur.

♂ Jambes antérieures sillonnées au moins sur la seconde moitié de leur arête externe : les intermédiaires sans pointe vers l'extrémité de leur arête inférieure ; sillonnées, ainsi que les postérieures sur leur arête externe Tarses antérieurs offrant leurs trois premiers articles garnis en dessous d'un duvet serré en forme de brosse ; rayés d'une ligne médiaire : les intermédiaires garnis d'un duvet soyeux. Deuxième et troisième articles des tarses médiocrement dilatés, formant avec les premier et quatrième une figure ovalaire ; notablement moins larges que la jambe antérieure à son extrémité : les mêmes articles des tarses intermédiaires, non dilatés. *insidiosus*.

γγ. Bord supérieur du repli ordinairement invisible après l'angle huméral, quand l'insecte est examiné en dessus ; parfois cependant visible, mais alors en ligne droite et presque parallèle avec son semblable, et stries des élytres marquées de moins de 33 points.

ζ. Septième intervalle des élytres notablement saillant, au moins à son extrémité antérieure. Prosternum à trois sillons ou raies.

η. Quatrième strie des élytres marquée de 36 à 40 points. Intervalles rugueusement ou presque rugueusement ponctués.

θ. Prothorax réticuleux, à mailles très-allongées entre le dos et les bords latéraux.

ι. Cinquième et septième intervalles des stries des élytres subconvexes, non en forme de toit.

♂ Cuisses antérieures glabres et lisses en dessous: les postérieures parcimonieusement garnies d'un duvet roussâtre sur la partie médiaire de leur arête inférieure. Jambes de devant anguleuses et dilatées à partir des deux cinquièmes ou de la moitié inférieure de leur longueur ; sillonnées sur leur arête interne: les intermédiaires sans pointe vers leur extrémité inférieure. Trois premiers articles des tarses de devant, et deuxième et troisième au moins des intermédiaires, garnis en dessous d'un duvet en forme de brosse, ou de ventouses: les deuxième et troisième des tarses de devant, et moins fortement des intermédiaires, dilatés. *sinuatus.*

ιι. Troisième, cinquième et septième intervalles des stries des élytres plus ou moins sensiblement en forme de toit.

♂ Cuisses antérieures garnies en dessous de petits points tuberculeux : les postérieures densement garnies en dessous d'un duvet roux. Jambes de devant commençant à se dilater vers le quart de leur arête inférieure, un peu anguleuses dans ce point. Trois premiers articles des tarses antérieurs garnis en dessous d'un duvet serré en forme de brosse: les mêmes des intermédiaires garnis d'un duvet soyeux divisé par une raie. Deuxième et troisième articles des antérieurs dilatés: ceux des intermédiaires non dilatés. *græcus.*

θθ. Prothorax non visiblement réticuleux.

Obs. A partir de ce point, jusqu'à nouvelle observation, les jambes intermédiaires et postérieures des ♂ sont ornées à leur côté interne d'une bande longitudinale linéaire d'un duvet flavescent.

λ. Septième intervalle plus saillant en devant que le neuvième, et constituant seul le relief avancé jusqu'à l'angle huméral.

♂ Cuisses antérieures garnies en dessous de duvet. Jambes de devant ciliées et non échancrées sur l'arête interne : les intermédiaires munies d'une petite pointe à l'extrémité. *stygius*.

λλ. Septième intervalle constituant en devant, avec le neuvième, un empâtement convexe, avancé jusqu'à l'angle huméral.

μ. Septième intervalle des élytres plus saillant que les autres et plus ou moins en forme d'arête sur toute sa longueur. Prothorax à rebord saillant.

♂ Cuisses glabres en dessous. Jambes de devant presque cylindriques, ciliées sur leur tranche interne et non échancrées près de l'extrémité de celle-ci : les intermédiaires munies d'une pointe. *lugens*.

μμ. Septième intervalle des élytres saillant seulement en devant.

ν. Intervalles troisième, cinquième, sixième et septième des élytres subconvexes. Elytres n'offrant en largeur, prises ensemble, que les cinq neuvièmes environ de leur longueur.

♂ Cuisses antérieures garnies de duvet, en dessous. Jambes de devant subdenticulées, non ciliées sur leur arête interne, échancrées près de l'extrémité de celle-ci : les intermédiaires non munies, outre les éperons, d'une petite pointe vers l'extrémité de leur arête inférieure. *simius*.

νν. Intervalles troisième et cinquième des élytres ordinairement plans ou presque plans. Elytres offrant en largeur, prises ensemble, les cinq septièmes de leur longueur.

♂ Cuisses glabres en dessous. Jambes de devant glabres sur leur arête interne et échancrées près de l'extrémité de celle-ci : les intermédiaires munies d'une petite dent vers l'extrémité de leur arête inférieure. *dalmatinus*.

ηη. Quatrième strie des élytres marquée de 33 points au plus.

ξ. Bord supérieur du repli visible en dessus jusqu'au douzième de la longueur, mais presque parallèle avec son semblable. Quatrième strie des élytres marquée de 30 points environ.

♂ Cuisses glabres en dessous. Jambes de devant

glabres sur leur arête interne et échancrées près de l'extrémité de celle-ci : les intermédiaires munies d'une petite dent vers l'extrémité de leur arête inférieure. *torpidus.*

ξξ. Bord supérieur du repli invisible en dessus.

o. Quatrième strie des élytres marquée d'environ 20 à 25 points médiocres.

π. Intervalles des élytres subconvexes postérieurement. Prothorax d'un cinquième ou d'un quart à peine plus large que long, boursoufflé transversalement au devant des trois cinquièmes médiaires de la base.

♂ Cuisses antérieures garnies en dessous de cils flavescents assez épais et un peu frisés. Jambes de devant sinuées ou faiblement échancrées près de l'extrémité de leur arête interne ; rayées d'un sillon au dessous de cette arête: les intermédiaires garnies d'une petite pointe près de leur extrémité inférieure. Trois premiers articles des tarses antérieurs et intermédiaires garnis en dessous d'un duvet serré en forme de brosse. Deuxième et troisième articles des antérieurs fortement ; les mêmes des intermédiaires, faiblement dilatés. *Victoris.*

ππ. Intervalles des élytres plans. Prothorax d'un quart ou d'un tiers plus large que long; sans boursoufflure transverse au devant de la base. Jambes intermédiaires et postérieures offrant des traces de sillons vers la partie postérieure de leur arête externe.

♂ Cuisses glabres en dessous. Jambes de devant échancrées près de l'extrémité de leur arête interne, presque jusqu'au quart de la largeur ; sans sillon prononcé au dessous de cette arête. Jambes intermédiaires armées d'une petite pointe vers leur extrémité inférieure. Trois premiers articles des tarses antérieurs, et deuxième et troisième des intermédiaires, garnis en dessous de brosses ou sortes de ventouses : les deuxième et troisième des antérieurs fortement dilatés: les mêmes des intermédiaires à peine plus larges que les autres. *mœsiacus.*

Obs. Les cuisses sont glabres en dessous chez toutes les espèces suivantes.

σσ. Quatrième strie des élytres marquée de quinze à vingt points plus ou moins gros, ordinairement en forme de points-fossettes. Jambes intermédiaires et postérieures sillonnées à peu près sur toute la longueur de leur arête externe. Milieu de la base du prothorax moins prolongé en arrière que les angles.

♂ Offrant tous les caractères du *P. mœsiacus* ♂. *cribratus.*

ζζ. Septième intervalle des élytres peu ou pas distinctement saillant, même à son extrémité antérieure. Huitième strie des élytres invisible quand l'insecte est examiné en dessus. Neuvième intervalle à peine ou non saillant près de la huitième strie. Milieu de la base du prothorax, plus prolongé en arrière que les angles.

ρ. Elytres offrant les points des stries ou des rangées striales en forme d'espèces de points-fossettes (22 au plus sur la quatrième strie).

σ. Prothorax d'un cinquième environ plus large que long. Points-fossettes des élytres très-marqués. Jambes intermédiaires et postérieures non sillonnées sur leur arête externe.

♂ Jambes de devant échancrées près de l'extrémité de leur arête interne : les intermédiaires non munies d'une petite pointe vers leur extrémité inférieure. Deuxième et troisième articles des tarses antérieurs, et deuxième des intermédiaires, garnis en dessous de brosses ou sortes de ventouses. Deuxième et troisième des antérieurs très-dilatés : les mêmes des intermédiaires à peine plus larges que les autres. *extensus.*

σσ. Prothorax de moitié plus large que long. Points-fossettes des élytres un peu obsolètes. Jambes intermédiaires et postérieures offrant des traces de sillons sur leur arête externe.

♂ Jambes de devant un peu élargies ; à peine ou faiblement échancrées près de l'extrémité de leur arête interne ; en carène subdenticulée en dessous. Jambes intermédiaires dépourvues de pointe près de l'extrémité de leur arête inférieure. Deuxième et troisième articles des tarses antérieurs et intermédiaires garnis de brosses en dessous : les deuxième et troisième articles des antérieurs, et moins fortement ceux des intermédiaires, dilatés. *punctatus*.

ββ. Elytres offrant les points des stries ou des rangées striales médiocres (28 à 32 de ces points sur la quatrième strie). Tête offrant généralement sur son milieu les traces d'une très-faible carène longitudinale. Yeux rétrécis dans leur milieu. *messenius*.

1. P. carinatus.

Très-faiblement convexe ; brun au moins sur la tête et le prothorax, parfois plus clair sur le reste du corps. Prothorax arqué sur les côtés, sinué près des angles postérieurs; muni d'un rebord saillant; réticuleux. Élytres à stries profondes, presque sulciformes, ponctuées (environ 28 points sur la quatrième). Intervalles crénelés; pointillés ; ruguleux : les premier, deuxième, quatrième et sixième assez convexes : le septième plus saillant, en forme d'arête sur toute sa longueur : les troisième et cinquième, au moins à leur extrémité postérieure.

Pandarus helopioides (DAHL).
Pandarus carinatus, CHEVROLAT in litter.

Long. 0,0084 à 0,0090 (3 3/4 à 4 l.). Larg. 0,0033 (1 1/2 l.).

Corps oblong ou suballongé ; presque plan ou très-faiblement convexe. *Tête* densement ponctuée, parfois rugueuse sur le front; brune, avec l'épistome graduellement d'un brun rouge. *Antennes* d'un testacé fauve ou d'un fauve testacé. *Prothorax* arqué sur les côtés et sinué vers les cinq sixièmes de ceux-ci ; offrant vers les deux cinquièmes ou un peu plus sa plus grande largeur; muni latéralement d'un rebord saillant, parfois un peu relevé et faisant paraître la partie voisine, longitudinalement un peu concave ; réticuleusement ponctué ; brun, passant parfois au brun rougeâtre sur les côtés. *Elytres* brunes ou d'un brun rouge ; très-brièvement presque parallèles à partir de l'angle huméral, puis élargies jusque vers la moitié de leur longueur ; presque planes en dessus jusqu'au septième intervalle ; à stries profondes, presque sulciformes, marquées de points qui crénèlent les intervalles (environ vingt-huit sur la quatrième strie).

Intervalles pointillés, parfois assez légèrement, d'autres fois d'une manière sensiblement ruguleuse : les premier, deuxième, quatrième et sixième, médiocrement convexes en devant, en toit postérieurement : les huitième et neuvième, en toit sur toute leur longueur : le septième plus saillant, en arête sur toute sa longueur : les troisième et cinquième, plus saillants à leur partie postérieure et parfois sur toute leur longueur. *Bord supérieur du repli* ordinairement un peu visible en dessus jusqu'au dixième de la longueur, chez le ♂, peu visible chez la ♀. *Côtés de l'antépectus* marqués de points unis ou presque unis en sillon. *Prosternum* creusé d'un seul sillon. *Dessous du corps* brun ou d'un brun rouge. *Pieds* au moins aussi clairs ou d'une teinte plus claire. *Cuisses* glabres en dessous. *Jambes* non sillonnées sur leur arête externe.

PATRIE : la Sardaigne, (collect. Chevrolat).

♂. *Jambes* grêles : les *antérieures* et *intermédiaires* sensiblement arquées, surtout vers l'extrémité : les *antérieures* non sillonnées en dessous : les *intermédiaires* munies d'une sorte de talon, mais sans petite pointe à l'extrémité de leur arête inférieure. *Trois premiers articles des tarses* de devant garnis en dessous d'un duvet serré en forme de brosse : les mêmes des intermédiaires garnis d'un duvet flexible, divisé par une raie longitudinale. Deuxième et troisième articles des tarses de devant, et faiblement ceux des intermédiaires, dilatés.

♀. *Jambes* presque droites. *Tarses* non garnis en dessous d'un duvet serré en forme de brosse : deuxième et troisième articles des antérieurs un peu moins étroits que le quatrième.

OBS. La couleur varie suivant que la matière colorante a eu plus ou moins le temps d'acquérir son développement ; peut-être trouverait-on des individus plus obscurs. Nous avons eu sous les yeux deux ♂ et une ♀. Chez les premiers, la tête et le prothorax seuls sont bruns, le reste du corps est d'un brun rouge ou d'un rouge brun, et les troisième et cinquième intervalles des élytres sont saillants sur toute leur longueur. Chez la seconde, le corps est généralement brun, et les troisième et cinquième intervalles sont seulement un peu plus saillants que les autres vers leur partie postérieure. Les premiers sembleraient ainsi devoir constituer une espèce particulière (*P. tricostatus*); mais l'identité de patrie, de forme et de tous les autres caractères indiquent suffisamment que ces différences se rattachent aux variations de la même espèce.

2. P. coarcticollis, MULSANT.

Très-faiblement convexe ; noir, peu luisant. Prothorax élargi jusques au-delà de la moitié, assez brusquement rétréci en ligne courbe vers les quatre cinquièmes, et presque parallèle ensuite ; graduellement épaissi sur les côtés d'avant en arrière, et rebordé postérieurement ; réticuleux ; rayé d'une ligne longitudinale médiane plus ou moins apparente. Élytres à stries ponctuées. Intervalles très-densement et ruguleusement ponctués : les plus internes presque plans : les autres subconvexes : le septième plus saillant, en forme d'arête sur toute sa longueur : bord supérieur du repli débordant les élytres en devant.

Dendarus tristis, ROSSI, DEJ., catal. (1821), p. 65.— DE CASTEL. Hist. t. 2, p. 209. 1.

Pandarus tristis, (DEJ.), catal. (1833), p. 191. — Id. (1837), p. 212.

Pedinus (Pandarus) tristis, BLANCHARD *in* CUVIER. Regn. anim. éd. Croch. p. 364, pl. 48, fig. 8 (patte antérieure).

Pandarus emarginatus (GAUBIL), catal. p. 219.

Pandarus coarcticollis, MULSANT, Hist. nat. des col. de Fr. (Latigènes) p. 142.

Long. 0,0123 à 0,0135 (5 1/2 à 6 l.) Larg. 0,0056 à 0,067 (2 1/2 à 3 l.).

Corps oblong; faiblement ou très-faiblement convexe ; d'un noir un peu luisant. *Tête* assez finement ponctuée sur l'épistome; ruguleuse sur le front. *Antennes* noires à la base, graduellement fauves à l'extrémité. *Prothorax* élargi en ligne presque droite ou peu courbe jusqu'à la moitié ou aux trois cinquièmes, rétréci en ligne très-courbe des trois aux quatre cinquièmes, brusquement parallèle ou presque parallèle ensuite; bissinué à la base; peu arqué sur les trois cinquièmes médian-

res de celle-ci ; muni latéralement d'un rebord étroit et presque nul en devant, graduellement élargi ou épaissi jusqu'aux quatre cinquièmes, sans saillie en devant, sensiblement relevé ensuite ; faiblement convexe ; réticuleux, surtout entre le dos et les bords latéraux ; rayé sur la ligne médiane d'un sillon étroit et léger, ordinairement moins apparent chez la ♀ que chez le ♂. *Élytres* assez faiblement (♀) ou faiblement (♂) élargies jusqu'à la moitié de leur longueur ; à stries très-prononcées ; marquées de points crénelant un peu les intervalles (environ quarante sur la quatrième strie : les derniers peu distincts). *Intervalles* pointillés densement et d'une manière rugueuse : les deux plus voisins de la suture, presque plans sur les deux cinquièmes antérieurs : les suivants, faiblement convexes en devant, plus ou moins convexes postérieurement : les premier et troisième plus larges et plus saillants postérieurement : le septième, en forme d'arête sur toute sa longueur, uni en devant au neuvième ou à la partie antérieure du bord du repli, postérieurement lié au troisième. *Repli* à peine plus large que le neuvième intervalle vers les hanches postérieures ; à bord supérieur débordant les élytres jusqu'au douzième environ de leur longueur. *Côté de l'antépectus* marqué de sillons ponctués. *Prosternum* creusé d'un seul sillon longitudinal. *Cuisses* glabres en dessous. *Jambes* peu élargies ; sans traces de sillon sur leur arête externe.

Patrie : la France, depuis le Mont-Pilat jusqu'aux parties les plus méridionales, la Corse, l'Italie.

♂ *Jambes antérieures* arquées, sensiblement plus larges à l'extrémité que les intermédiaires ; sans échancrure ; sillonnées sur leur arête inférieure : les *intermédiaires* munies en dessous, un peu avant l'extrémité, d'une petite pointe. Trois premiers articles des *tarses antérieurs* et *intermédiaires* garnis en dessous d'un duvet serré en forme de brosse : deuxième et troisième articles des tarses antérieurs, et moins fortement ceux des intermédiaires, dilatés : ceux des antérieurs aussi larges que l'extrémité de la jambe.

♀ *Jambes antérieures* moins arquées ; à peine plus larges à l'extrémité que les intermédiaires ; sans sillon bien prononcé sur leur arête inférieure : celles-ci, inermes. Trois premiers articles des *tarses* antérieurs et intermédiaires garnis en dessous d'un duvet en forme de brosse, mais divisé par une raie longitudinale : deuxième et troisième articles des antérieurs faiblement dilatés : les mêmes des intermédiaires, non dilatés.

Obs. Pendant la vie, le corps se couvre, suivant la volonté de l'animal, d'une efflorescence pruineuse ou rorulente.

Il serait assez difficile de dire à quel insecte se rapporte l'*Helops tristis* de Rossi, qu'on regarde généralement comme étant cet insecte. La description de l'auteur italien ne peut cependant convenir à cette espèce ; les expressions *thorax convexus ; elytra convexa , obsolete punctato-striata* ne lui peuvent être appliquées ; elles peuvent se rapporter à notre *Bioplanes meridionalis* ; cette opinion semblerait confirmée par un exemplaire de la collection d'Olivier, inscrit de la main même de cet auteur sous le nom de *Pedinus tristis* avec l'indication du Piémont pour patrie. Peut-être Olivier le tenait-il de Rossi lui-même ; mais Rossi paraît avoir confondu plusieurs espèces sous le nom d'*Helops tristis*, et l'habitat qu'il donne à son insecte convient plutôt à un Hélopiaire qu'à un *Pandarus*.

3. P. pectoralis.

Assez faiblement convexe ; d'un noir un peu luisant. Prothorax arqué jusqu'aux cinq sixièmes, presque parallèle ensuite, offrant vers la moitié sa plus grande largeur ; muni, à partir de la moitié de sa longueur, d'un rebord latéral graduellement épaissi et à peine saillant : rayé d'une ligne médiane assez apparente ; presque réticuleux. Elytres à stries médiocres et ponctuées. Intervalles crénelés ; rugueusement ponctués ; à peine convexes : les sutural et troisième, saillants postérieurement : le septième, vers l'angle huméral. Repli débordant les élytres en devant. Antépectus creusé sur sa partie médiaire d'un ou de deux sillons transverses : le postérieur plus profond.

Long. 0,0135 (6 l.). Larg. 0,0056 (2 1/21)

Corps assez faiblement convexe. *Prothorax* arqué sur les côtés jusqu'aux cinq sixièmes, c'est-à-dire élargi en ligne presque droite jusqu'au tiers, et en ligne plus courbe jusqu'à la moitié, rétréci ensuite en ligne courbe, brusquement parallèle sur le dernier sixième; presque en ligne droite sur les trois cinquièmes médiaires de la base ; presque réticuleusement ponctué; rayé sur la ligne médiane d'une ligne longitudinale plus ou moins distincte. *Elytres* à stries médiocres et ponctuées (environ trente-cinq points sur la quatrième strie). *Intervalles* rugueusement ponctués ; un peu crénelés par les points des stries ; très-faiblement convexes : les sutural et troisième, dilatés et saillants à leur partie postérieure : le septième, sensiblement saillant d'arrière en avant, en se rapprochant de l'angle huméral, lié près de celui-ci au neuvième intervalle, peu ou point au bord supérieur du repli : celui-ci débordant les élytres jusqu'au douzième de la longueur. *Côtés de l'antépectus* sillonné ou marqué de sillons formés de points liés. *Prosternum* presque arrondi après les hanches; creusé d'une fossette ou d'un large sillon. *Antépectus* creusé sur sa partie médiaire ou sternale, d'un sillon transverse, profond sur l'espace intermédiaire entre les hanches et le bord antérieur, et ordinairement d'un autre moins profond, entre le précédent et le bord de devant. *Pieds* grêles. *Jambes* simples : les antérieures à peine moins grêles à l'extrémité que les intermédiaires.

PATRIE : l'Algérie, (Muséum de Paris ; collect. Chevrolat) ; l'Espagne, (collect. Arias).

♂ *Jambes de devant* faiblement arquées ; déprimées mais non sillonnées, et garnies de cils courts et subspinosules, en dessous : les *intermédiaires* droites, non munies en dessous, vers leur extrémité inférieure, d'une petite pointe indépendante des éperons. *Tarses antérieurs* et *intermédiaires* offrant les trois premiers articles garnis en dessous d'un duvet serré en forme de brosse ; les deuxième et troisième articles des antérieurs, et moins fortement ceux des intermédiaires, dilatés.

♀ *Jambes* droites ; les intermédiaires sans pointe vers l'extrémité. *Tarses* sans brosses en dessous : deuxième et troisième articles des antérieurs à peine moins étroits que les autres.

Obs. Cette espèce a beaucoup d'analogie avec le *P. coarcticollis*, par la forme de son prothorax ; par ce segment rayé d'un sillon longitudinal léger sur la ligne médiane ; mais elle s'en distingue par son prothorax moins brusquement rétréci au-devant de la partie presque parallèle ; par les stries des élytres moins prononcées ; par ses intervalles aussi peu convexes postérieurement qu'en devant ; par le septième, non relevé en arête ; par son prosternum plus arrondi dans sa partie élargie, et surtout par le sillon transverse creusé sur sa partie prosternale. Ce dernier caractère suffit pour l'éloigner de toutes les autres espèces.

4. P. Aubei.

Faiblement ou assez faiblement convexe ; d'un noir luisant. Prothorax élargi jusqu'aux trois cinquièmes environ, rétréci ensuite en ligne plus courbe, et brièvement sinué ou presque parallèle près des angles postérieurs ; sans rebord saillant sur les côtés ; réticuleux. Élytres à stries très-marquées et ponctuées. Intervalles presque plans, à peine crénelés ; ponctués d'une manière peu ruguleuse : les sutural et troisième, postérieurement élargis et saillants : le septième, non saillant en devant. Bord supérieur du repli débordant les élytres vers l'angle huméral. Jambes antérieures non sillonnées sous l'arête externe. Prosternum creusé d'un sillon et offrant les traces d'une ligne de chaque côté.

Long. 0,0135 (6 l.) Larg. 0,0042 à 0,0056 (2 à 2 1/2 l.)

Corps oblong ; faiblement ou assez faiblement convexe ; d'un noir luisant. *Tête* ponctuée ; rugueuse sur le front. *Antennes* noires, graduellement moins obscures à l'extrémité. *Prothorax* arqué peu régulièrement jusqu'aux neuf dixièmes, c'est-à-dire élargi jusqu'aux trois cinquièmes environ, en ligne presque droite d'abord, puis rétréci en ligne courbe assez forte à partir des trois cinquièmes, sinué près des angles postérieurs ; muni latéralement d'un rebord graduellement épaissi, non saillant ; presque en ligne droite sur les trois cinquièmes médiaires de la base ; faiblement convexe ; réticuleusement ponctué, surtout entre le dos et les bords latéraux ; sans traces de sillons sur la ligne médiane. *Elytres* élargies en ligne un peu courbe à partir de l'angle huméral ; à stries très-apparentes ; marquées de points qui ne crénèlent pas ou crénèlent à peine les intervalles (environ 30 à 35 sur la quatrième strie). *Intervalles* ponctués d'une manière peu ou à peine ruguleuse ; presque plans : les sutural et troisième, postérieurement dilatés et saillants : le septième, non saillant en devant, lié au neuvième et constituant avec lui un empâtement ordinairement à peine lié au bord supérieur du repli : celui-ci débordant les élytres en ligne un peu arquée, et plus ou moins visible jusqu'au dixième de la longueur, quand l'insecte est vu en dessus. *Côtés de l'antépectus* sillonnés. *Prosternum* creusé d'un sillon médiaire, rayé d'uue ligne de chaque côté de celui-ci. *Pieds* noirs sur les cuisses, avec les jambes et les tarses en général graduellement moins obscurs ; assez grêles. *Cuisses* glabres en dessous. *Jambes* simples : les antérieures, un peu moins grêles à l'extrémité que les intermédiaires : celles-ci, sillonnées sur l'arête externe.

PATRIE : Les parties méridionales de l'Espagne, (collect. Aubé, Reiche).

♂ *Jambes antérieures* sensiblement arquées; non sillonnées sur leur arête externe ; garnies sur leur arête interne de cils courts, subspinosules et peu épais : les intermédiaires munies d'une petite pointe près de l'extrémité de leur arête inférieure. *Tarses* offrant sous les trois premiers articles des antérieurs et des intermédiaires un duvet serré en forme de brosse : celui des intermédiaires moins serré ; deuxième et troisième articles des antérieurs très-dilatés, plus larges que la jambe à son extrémité: les mêmes des intermédiaires un peu moins étroits que les autres.

♀ *Jambes antérieures* peu arquées ; les *intermédiaires* inermes à l'extrémité. *Tarses* sans brosse en dessous.

Obs. Cette espèce s'éloigne des précédentes, par ses jambes intermédiaires sillonnées sur l'arête externe ; par son prothorax sans traces de ligne longitudinale médiaire : le bord supérieur du repli déborde faiblement les élytres.

Nous l'avons dédiée à M. Aubé. Puisse cet hommage lui offrir un témoignage de notre admiration pour ses travaux, et de notre gratitude pour son obligeance sans bornes!

5. P. insidiosus.

Faiblement ou assez faiblement convexe ; d'un noir luisant. Prothorax subarrondi sur les neuf dixièmes des bords latéraux, sinué brièvement près des angles postérieurs, offrant vers le milieu ou un peu après, sa plus grande largeur ; muni latéralement d'un rebord épaissi, assez faiblement saillant ; réticuleux. Élytres à stries très-marquées et ponctuées. Intervalles à peine convexes ; un peu crénelés ; ponctués d'une manière dense et à peine ruguleuse : le sutural et le troisième, un peu saillants postérieurement : le septième, formant en devant, à sa réunion avec le neuvième, un empâtement sensiblement saillant. Bord supérieur du repli débordant les élytres en devant. Prosternum creusé d'un sillon en fossette, offrant en devant, de chaque côté, une raie assez étroite.

Pandarus rotundicollis (DEJ.) Catal. (1837), p. 212?
Pandarus africanus DEYROLLE, in litter.

Long. 0,0123 à 0,0135 (5 1/2 à 6 l.) Larg. 0,0052 à 0,0059 (2 1/3 à 2 2/3 l.)

Corps oblong ; faiblement convexe ; d'un noir un peu luisant. *Tête* ponctuée ; réticuleuse sur le front. *Antennes* noires, graduellement d'un brun fauve à l'extrémité. *Prothorax* arrondi sur les côtés jusqu'aux neuf dixièmes, sinué près des angles postérieurs ; offrant vers le milieu sa plus grande largeur ; muni latéralement d'un rebord étroit en devant, graduellement élargi ou épaissi, offrant ordinairement vers les trois cinquièmes sa plus grande largeur ; assez faiblement ou médiocrement saillant ; finement pointillé ; faiblement arqué sur les trois cinquièmes médiaires de la base et ordinairement moins prolongé en arrière dans le milieu de celle-ci que les angles postérieurs ; faiblement convexe ; ponctué d'une manière réticuleuse, au moins ou surtout entre le dos et les bords latéraux ; sans traces de sillons sur la ligne médiane. *Elytres* assez faiblement (♀) ou faiblement (♂) élargies jusqu'à la moitié, à partir de l'angle huméral ; à stries très-prononcées et marquées de points qui crénèlent un peu les intervalles (environ 40 sur la quatrième strie). *Intervalles* assez finement ponctués et d'une manière faiblement ruguleuse : les deux plus rapprochés de la suture, presque plans sur leurs trois cinquièmes antérieurs : les autres, faiblement convexes : tous plus sensiblement convexes à leur partie postérieure : les sutural et troisième, dilatés et saillants à leur extrémité, ainsi que le septième : celui ci, élargi et lié à sa partie antérieure, au neuvième et au repli, plus saillant et constituant une sorte d'empâtement dans le point de cette union. *Bord supérieur du repli* débordant les élytres, en forme de ligne un peu arquée et visible en dessus jusqu'au douzième environ de sa longueur. *Côtés de l'antépectus* sillonnés. *Prosternum* creusé d'un sillon médiaire, rayé d'une ligne ordinairement raccourcie près de chaque bord latéral. *Cuisses* glabres en dessous. *Jambes antérieures* faiblement arquées ; un peu moins grèles à l'extrémité que les intermédiaires (♂ ♀) : offrant les traces d'un sillon longitudinal au dessous de l'arête externe : les intermédiaires au moins, rayées d'un sillon sur les deux tiers postérieurs de leur arête externe ; glabres au côté interne.

Patrie : Les parties méridionales de l'Espagne, (collect. Aubé, Deyrolle) ; les environs de Tanger, (collect. Chevrolat, Deyrolle, — Muséum de Paris).

♂ *Jambes antérieures* faiblement arquées ; brièvement garnies de poils subspinosules sur leur arête interne : jambes intermédiaires sans dent vers l'extrémité de leur arête inférieure. *Trois premiers articles des tarses antérieurs* garnis en dessous d'un duvet serré en forme de brosse ou de ventouses : les deuxième et troisième très-médiocrement ou médiocrement dilatés, formant avec les premier et quatrième une sorte d'ovale suballongé : le deuxième le plus large, à peine égal aux trois quarts du diamètre transversal le plus grand des jambes antérieures. *Tarses intermédiaires* non garnis de brosse en dessous : les deuxième et troisième articles non ou à peine dilatés.

♀ *Jambes de devant* presque droites : les intermédiaires sans pointe. *Tarses* sans brosse en dessous ; grèles, parallèles.

Obs. Cette espèce se distingue du *P. Aubei* par son prothorax plus arrondi sur les côtés, à rebord saillant ; par les stries des élytres plus prononcées ; par ses intervalles moins unis ou plus sensiblement ruguleux ; par le septième de ceux-ci, plus sensiblement saillant en devant ; et surtout par ses jambes de devant, offrant sous leur arête externe, les traces d'un sillon longitudinal ; le bord supérieur du repli débordant les élytres, l'éloigne généralement des espèces suivantes. Le ♂ se distingue de tous les autres par ses tarses assez faiblement dilatés et d'une manière ovalaire.

6. P. sinuatus.

D'un noir luisant. Prothorax arrondi ou fortement arqué sur les neuf dixièmes de ses bords latéraux, et sinué près des angles postérieurs; passablement convexe sur son disque, moins déclive près des côtés, sans rebord saillant à ceux-ci ; réticuleux ; à mailles très-allongées et presque sulciformes dans la direction de chaque sinuosité basilaire. Élytres à stries très-marquées et ponctuées (environ 36 à 40 points sur la quatrième) : la troisième, correspondant ordinairement au point le plus avancé de chaque sinuosité prothoracique. Intervalles crénelés, rugueusement ponctués, faiblement convexes ou presque plans : le septième un peu plus saillant et non en forme de toit, uni en devant au neuvième. Repli invisible en dessus. Prosternum à trois sillons : les latéraux parfois oblitérés.

Pandarus sinuatus, AUBÉ, *in* colleot.

Long. 0,0135 à 0,0146 (6 à 6 1/2 l.). Larg. 0,054 (2 1/2 l.) (♂)
0,0067 (3 l.) (♀).

Corps oblong ; plus ou moins médiocrement convexe ; d'un noir un peu luisant. *Tête* couverte de point très-serrés ; presque réticuleuse sur le front. *Antennes* noires, graduellement d'un brun fauve ou fauves à l'extrémité ; à troisième article à peu près aussi long (au moins chez le ♂) que les deux derniers réunis. *Prothorax* fortement arqué ou subarrondi sur les neuf dixièmes des côtés, brièvement sinué près des angles postérieurs ; offrant, vers la moitié de sa longueur ou à peu près, sa plus grande largeur ; sensiblement arqué sur les trois cinquièmes médiaires de sa base, et aussi prolongé en arrière dans le milieu de celle-ci qu'aux angles postérieurs ; passablement convexe sur le dos, sensiblement moins déclive près des bords latéraux, parfois légèrement relevé à ceux-ci ; souvent presque sans rebord sur les côtés ou muni d'un rebord peu saillant ; ponctué ; toujours réticuleux entre le dos et les côtés : les mailles de ce réseau presque sulciformes ou au moins trois fois aussi longues que larges dans la direction de chaque sinuosité basilaire. *Elytres* en général très-brièvement subparallèles aux épaules chez le ♂, paraissant souvent s'élargir à partir de celles-ci chez la ♀ ; faiblement (♂) ou médiocrement (♀) plus larges dans leur milieu ; à stries prononcées et marquées de points qui crénèlent un peu les intervalles (environ 36 à 40 sur la quatrième strie). *Intervalles* couverts de points rapprochés, peu ruguleux : les deux premiers, presque plans, surtout en devant : les autres, légèrement convexes chez le ♂, souvent presque plans chez la ♀ : le sutural et parfois le deuxième, dilatés et saillants à leur extrémité postérieure : le septième, tantôt uni en devant avec le neuvième, tantôt constituant seul ou à peu près, la saillie avancée jusqu'à l'angle huméral : le septième intervalle non en forme d'arête ou à peine en forme de toit obtus, peu ou non sensiblement plus saillant que les autres. *Repli* à bord supérieur ne débordant pas les élytres vers l'épaule ; invisible en dessus vers celles-ci. *Côtés de l'antépectus* profondément sillonnés. *Prosternum* concave ; creusé de trois sillons : le médiaire, ordinairement plus prononcé. *Cuisses antérieures* glabres en dessous (♂ ♀). *Jambes intermédiaires* et *postérieures* sans sillon ou n'offrant que vers l'extrémité de leur arête externe la trace d'un sillon.

Patrie : La Turquie, surtout les environs de Batoum, (collect. Aubé, Gaubil, de Marseul, Perroud).

♂. *Cuisses antérieures* glabres en dessous : les postérieures, parcimonieusement garnies d'un duvet roussâtre sur la partie médiaire de leur tranche inférieure. *Jambes* de devant peu ou point arquées, assez grêles, un peu anguleusement dilatées vers les deux cinquièmes de leur arête inférieure ; sillonnées sur leur arête interne : les intermédiaires munies d'une petite pointe vers leur extrémité inférieure. *Trois premiers articles des tarses antérieurs*, et les deuxième et troisième des intermédiaires garnis en dessous de brosses : les deuxième et troisième articles de ceux de devant, et plus faiblement ceux des intermédiaires, dilatés.

♀. *Cuisses* glabres. *Jambes antérieures* droites, régulières : les intermédiaires inermes. *Tarses* grêles ; garnis en dessous d'un duvet soyeux.

Obs. Cette espèce se distingue du *P. insidiosus* par son prothorax plus convexe sur son disque, presque sans rebord ou très-légèrement et à peine relevé aux bords latéraux ; par le bord supérieur du repli des élytres ne débordant pas celles-ci aux épaules. Elle s'éloigne du *P. stygius* par son prothorax plus convexe sur le dos, plus arrondi sur les côtés, assez fortement sinué près des angles postérieurs ; très-réticuleux et à mailles allongées entre le disque et les côtés, et muni d'un faible rebord. Elle a beaucoup d'analogie avec le *P. græcus*, et les ♀ présentent souvent de véritables difficultés pour en être séparées : quant aux ♂, il n'est pas possible de les confondre avec ceux des autres espèces voisines.

Souvent les septième et neuvième intervalles sont presque également peu saillants en devant, vers le point de leur réunion, et ne forment pas un empâtement bien prononcé ; quelquefois au contraire, le septième intervalle plus saillant que le neuvième semble constituer seul la saillie qui s'avance vers l'angle huméral.

Peut-être est-ce le *P. emarginatus* du catal. Dejean.

7. **P. græcus**, Brullé.

D'un noir luisant. Prothorax arrondi ou fortement arqué sur les neuf dixièmes de ses bords latéraux, et sinué près des angles postérieurs ; passablement convexe sur son disque, moins déclive sur les côtés, sans rebord saillant à ceux-ci ; réticuleux, à mailles très-allongées et presque sulciformes dans la direction de chaque sinuosité basilaire.

Elytres à stries très-marquées et ponctuées (environ trente-huit à quarante points sur la quatrième) : celle-ci correspondant ordinairement au point le plus avancé de la sinuosité prothoracique. Intervalles sensiblement crénelés, rugueusement ponctués, assez faiblement convexes: le troisième en forme de toit: le septième presque en forme d'arête, ordinairement uni en devant au neuvième. Repli invisible en dessus. Prosternum à trois sillons : les latéraux parfois oblitérés.

Dardanus græcus, Brullé, Expéd scientif. de Morée (1832) p. 207, n° 360, pl. 40, fig. 15 (suivant les exemplaires typiques conservés au Muséum de Paris).

Patrie : la Grèce, (muséum de Paris, collect. Gaubil) ; la Syrie, (collect. Reiche).

♂. *Cuisses de devant* brièvement et parcimonieusement ciliées sur leur arête inférieure (ces poils souvent usés) et garnies de petits points tuberculeux. *Cuisses postérieures* garnies en dessous d'un duvet roux et très-apparent. *Jambes* de devant assez faiblement arquées dans leur seconde moitié ; assez grêles ; un peu anguleusement élargies vers le quart de leur arête inférieure ; sillonnées longitudinalement sur leur arête interne; garnies sur celle-ci de cils assez longs. *Jambes intermédiaires* munies d'une petite dent ou d'une petite pointe vers l'extrémité de leur arête inférieure. *Trois premiers articles des tarses antérieurs* garnis en dessous d'un duvet serré en forme de brosse : les mêmes des intermédiaires garnis d'un duvet soyeux : deuxième et troisième articles des tarses antérieurs, dilatés : les mêmes des intermédiaires à peine plus larges que les autres.

♀. *Cuisses* glabres. *Jambes antérieures* droites, glabres, non sillonnées sur leur arête inférieure : les intermédiaires sans pointe vers l'extrémité. *Tarses* peu ou point dilatés.

Obs. Cette espèce a la plus grande analogie avec le *P. sinuatus*. Elle s'en distingue par son prothorax ordinairement sans rebord (♂) ou moins sensiblement rebordé (♀), offrant les sinuosités de la base un peu plus rapprochées des angles postérieurs; par ses élytres graduellement élargies à peu près à partir de l'angle sutural, au lieu d'être brièvement parallèles après cet angle ; à quatrième strie aboutissant généralement au point le plus avancé de la sinuosité de la base du prothorax ; mais ces caractères ne sont malheureusement pas d'une constance irréprochable. Elle s'éloigne surtout de l'espèce précédente par ses troisième et cinquième intervalles en forme de toit obtus, au lieu d'avoir la subconvexité régulière des autres ; par le septième intervalle plus saillant, presque en forme d'arête sur les neuf dixièmes de sa longueur, en arête plus prononcée en devant, ordinairement réuni au cinquième pour former avec lui un relief avancé jusqu'à l'angle huméral. Le ♂ est visiblement distinct de celui de l'espèce précédente, par ses jambes antérieures offrant leur dilatation anguleuse située vers le quart au lieu de l'être vers les deux cinquièmes ou trois septièmes de leur longueur, et par ses cuisses postérieures garnies, sur toute leur arête inférieure, d'un duvet roussâtre épais.

8. P. **stygius**, (HEFFER) WALTL.

Suballongé ; d'un noir luisant. Prothorax arqué sur les côtés, à peine ou non sinué près des angles postérieurs ; peu ou point réticuleux ; à rebord latéral saillant. Elytres subparallèles à l'angle huméral ; à stries très-marquées et ponctuées (environ 36 points sur la quatrième). Intervalles crénelés, rugueusement ponctués ; faiblement convexes en devant, convexes ou en toit, en arrière : les sutural, troisième et septième, plus saillants à leur extrémité postérieure : le septième, en arête plus vive à celle-ci, plus saillant en devant que le neuvième, formant seul le relief avancé jusqu'à l'angle huméral.

Pandarus orientalis, DEJ. catal. (1837) p. 212, suivant M. Deyrolle.
Pandarus stygius (HEFFER), WALTL *in* Isis von Oken, 1838, p. 462. 77.

Long. 0,0123 à 0,0147 (5 1/2 à 6 1/2 l.). Larg. 0,0052 à 0,0067 (2 1/3 à 3 l.).

Corps suballongé ; assez faiblement ou très-médiocrement

convexe ; d'un noir un peu luisant, en dessus. *Tête* couverte de points serrés ; ruguleuse sur l'épistome. *Antennes* noires, graduellement d'un brun fauve, ou fauves, à l'extrémité; à troisième article à peine aussi grand que les trois derniers, même chez le ♂. *Prothorax* faiblement ou médiocrement arqué sur les côtés ; peu ou point sinué près des angles postérieurs ; offrant vers le milieu ou un peu avant, sa plus grande largeur ; muni latéralement d'un rebord presque uniformément assez étroit, sensiblement saillant ; assez faiblement arqué sur les trois cinquièmes médiaires de la base, et à peu près aussi prolongé en arrière au milieu de celle-ci que les angles postérieurs ; médiocrement convexe ; couvert de points très-rapprochés, n'ayant pas ou ayant à peine entre le dos et les côtés de la tendance à la réticulation. *Elytres* ordinairement brièvement subparallèles après l'angle huméral (♂ ♀) ; faiblement (♂) ou médiocrement (♀) élargies ensuite à partir de ce point jusqu'à leur milieu ; à stries prononcées et marquées de points qui crénèlent sensiblement les intervalles (environ 36 sur la quatrième strie). *Intervalles* rugueusement et assez finement ponctués ; plus ou moins faiblement convexes en devant, plus ou moins convexes ou un peu en toit postérieurement, surtout à partir du quatrième : les sutural et troisième, élargis à leur extrémité, plus saillants, ainsi que le septième : ce dernier, en toit plus étroit ou en arête plus vive que les deux autres, plus saillant en devant que vers la moitié, constituant seul en devant, c'est-à-dire sans le secours du neuvième, le relief qui s'avance jusqu'à l'angle huméral. *Repli* un peu moins large que le neuvième intervalle vers les hanches postérieures ; à bord supérieur ne débordant pas les élytres, et invisible en dessus après l'épaule. *Côtés de l'antépectus* marqués de points en partie unis en sillons. *Prosternum* ordinairement à trois sillons : le médiaire parfois à peine moins étroit que les latéraux. *Jambes* sans sillon sur leur arête externe, ou n'en offrant les traces qu'à l'extrémité.

Patrie : La Grèce, (collect. Aubé, Chevrolat, Deyrolle, Gaubil, de Kiesenwetter, de Mannerheim, Perroud, Reiche, Schaum. — Muséum de Paris).

♂ *Cuisses de devant* garnies en dessous d'un duvet épais, d'un roux mi-doré : les *postérieures* glabres. *Jambes de devant* très-faiblement arquées ; graduellement et faiblement élargies ; un peu plus larges à l'extrémité que les intermédiaires ; garnies sur la moitié antérieure au moins de leur arête interne de cils assez longs et clairsemés ; à peine ou peu sensiblement échancrées vers l'extrémité ; *jambes intermédiaires* et *postérieures* ornées chacune à leur côté interne d'une bande longitudinale linéaire de duvet flavescent : les intermédiaires munies d'une petite dent ou pointe vers l'extrémité de leur arête inférieure. *Deuxième et troisième article des tarses antérieurs,* dilatés *Tarses intermédiaires* à peine moins étroits que les postérieurs.

♀ *Cuisses* glabres en dessous. *Jambes* droites, glabres : les intermédiaires inermes. *Tarses* non dilatés : les antérieurs cependant un peu moins grèles que les intermédiaires.

Obs. Cette espèce a beaucoup d'analogie avec les *P. sinuatus* et *græcus*. Elle s'en distingue par son prothorax moins arrondi sur les côtés, peu ou point sinué près des angles ; non ponctué d'une manière franchement réticuleuse ; par ses élytres parallèles après l'angle huméral ; par ses intervalles plus convexes ou en toit à leur extrémité postérieure ; par le septième constituant seul le relief avancé jusqu'à l'angle huméral.

Les ♂ de ces espèces ne peuvent être confondus.

Le ♂ se distingue de presque toutes les autres espèces par le duvet épais de la partie inférieure de ses cuisses de devant.

Nous l'avons vu inscrit dans diverses collections sous les noms de *P. lugens*, *græcus*, et *orientalis* (Déj.).

9 P. simius.

Suballongé ; d'un noir luisant. Prothorax arqué sur les côtés, sensiblement sinué depuis les quatre septièmes jusque près des angles postérieurs ; ponctué, peu ou point réticuleux ; à rebord latéral peu ou à peine saillant. Elytres élargies à partir de l'angle huméral ; à stries très-marquées et ponctuées (ordinairement 30 à 35 points sur la quatrième). Intervalles crénelés, rugueusement ponctués, faiblement convexes : le septième faiblement en arête, plus saillant en devant et constituant avec le neuvième un empâtement jusqu'à l'angle huméral.

Long. 0,0135 à 0,0147 (6 à 6 1/2 l.) Larg. 0,0056 à 0,0067 (2 1/2 à 3 l.)

Patrie : La Morée, (Muséum de Paris ; collect. Chevrolat, Reiche).

♂ *Cuisses de devant* garnies en dessous d'un duvet épais d'un roux mi-doré : les postérieures, glabres. *Jambes de devant* à peine arquées sur leur arête externe ; un peu plus larges ou moins étroites à l'extrémité que les intermédiaires, égales en devant à environ le cinquième de leur longueur ; subdenticulées et non ciliées à leur tranche interne, très-visiblement échancrées près de l'extrémité de celle-ci, qui s'allonge en une sorte de talon. *Jambes intermédiaires* et *postérieures* ornées chacune, à leur côté interne, d'une bande longitudinale linéaire d'un duvet flavescent : les intermédiaires non munies d'une petite pointe vers l'extrémité de leur arête interne. *Deuxième et troisième articles* des tarses antérieurs, dilatés : *tarses intermédiaires* parallèles, un peu moins étroits que les postérieurs.

♀ Inconnue.

Obs. Ce serait là, suivant MM. Chevrolat et Reiche, le *P. græcus* du catal. Dejean. Cette espèce a beaucoup d'analogie avec le *P. stygius* et quelques autres espèces voisines. Elle se distingue des *P. sinuatus* et *græcus*, par son prothorax plus longuement et plus faiblement sinué sur les côtés ; peu ou point réticuleux ; du *P. stygius*, par son prothorax plus sensiblement sinué, muni d'un rebord très-faible ; par ses élytres s'élargissant à partir de l'angle huméral, au lieu d'être parallèles vers cet angle ; à septième intervalle s'unissant avec le neuvième pour constituer le relief huméral.

Le ♂ s'éloigne de celui des *P. sinuatus*, *græcus*, *lugens* et *dalmatinus*, par ses cuisses antérieures garnies en dessous d'un duvet épais; du *stygius* ♂, par ses jambes de devant moins cylindriques, plus déprimées, non ciliées, subdenticulées et échancrées à leur arête interne ; par ses jambes intermédiaires n'offrant pas, outre les éperons, une petite pointe près de leur extrémité inférieure. Ce caractère le distingue également des *P. sinuatus*, *græcus*, *stygius*, *lugens* et *dalmatinus*.

10. P. lugens.

Oblong; d'un noir un peu luisant. Prothorax arqué sur les côtés, sinué au devant des angles de derrière à partir des huit neuvièmes ; à rebord latéral saillant; peu ou point réticuleux. Elytres à stries très-marquées et ponctuées, (40 points environ sur la quatrième) : celle-ci, aboutissant ordinairement à la sinuosité basilaire du prothorax. Intervalles sensiblement crénelés, rugueusement ponctués : assez faiblement convexes en devant, convexes ou en toit postérieurement, surtout ceux de la moitié externe : les septième et neuvième, plus saillants ou en toit, sur toute leur longueur, formant en devant un empâtement commun, avancé jusqu'à l'angle huméral.

Pandarus lugens, (Fei.) catal. (1837) p. 212, suivant M. Deyrolle.
Pandarus siculus, Reiche, in collect.

Long. 0,0112 à 0,0135 (5 à 6 l.). Larg. 0,0052 à 0,0067 (2 1/3 à 3 l.).

Corps oblong ; faiblement ou assez faiblement convexe ; d'un noir peu luisant. *Tête* ponctuée ; subruguleuse sur le front.

Antennes noires, graduellement fauves à l'extrémité. *Prothorax* assez régulièrement arqué sur les côtés, et sinué près des angles postérieurs ; offrant vers la moitié sa plus grande largeur ; muni latéralement d'un rebord assez étroit, presque uniforme, saillant ; faiblement arqué sur les trois cinquièmes médiaires de la base, avec le milieu de celle-ci moins prolongé en arrière que les angles ; faiblement ou très-médiocrement convexe ; couvert de points presque contigus, ayant peu ou n'ayant pas de tendance à la réticulation. *Elytres* rétrécies à partir des épaules (♂ ♀) ; assez faiblement (♂) ou médiocrement (♀) élargies jusqu'aux quatre septièmes ; à stries prononcées et marquées de points qui crénèlent un peu les intervalles (environ 40 sur la quatrième strie) : celle-ci aboutissant ordinairement au point le plus avancé de la saillie de la base du prothorax. *Intervalles* rugueusement ponctués ; assez faiblement convexes en devant, plus ou moins convexes ou en toit postérieurement, surtout ceux de la moitié externe : les premier, troisième et septième, plus saillants à leur extrémité : le septième, en général plus saillant et plus sensiblement en toit que les autres sur toute sa longueur, uni en devant au neuvième, et constituant avec lui un empâtement commun très-apparent, avancé jusqu'à l'angle huméral, où il s'unit au bord supérieur du repli : celui-ci, d'un tiers au moins plus étroit que l'intervalle voisin près des hanches postérieures ; à bord supérieur ne débordant pas les élytres et invisible quand l'insecte est examiné en dessus. *Côtés de l'antépectus* marqués de points un peu unis en sillons. *Prosternum* concave ; à trois sillons : le médiaire ordinairement moins étroit ou plus large. *Cuisses* toutes glabres en dessous. *Jambes antérieures* à peine moins grêles à l'extrémité que les intermédiaires.

Patrie : La Sicile et l'Italie, (collect. Aubé, Baudi, Deyrolle, de Marseul, Perroud, Reiche. Muséum de Paris) ; la Sardaigne, (de Kiesenwetter).

♂ *Cuisses* toutes glabres sur leur arête inférieure. *Jambes antérieures* peu arquées ; non échancrées ; subcylindriques, régulièrement et faiblement élargies ; ciliées assez parcimonieusement sur leur arête interne : les *intermédiaires* et *postérieures* ornées, sur leur arête inférieure, d'une bande longitudinale de duvet épais, d'un fauve testacé : les intermédiaires munies d'une petite pointe, vers l'extrémité de leur arête inférieure. *Deuxième et troisième articles des tarses antérieurs,* dilatés. *Trois premiers articles des tarses intermédiaires* plus épais ou moins grêles que les postérieurs.

♀ *Jambes* droites ; glabres ; inermes. *Tarses* presque tous égaux, non dilatés.

Obs. Cette espèce a beaucoup d'analogie avec les *P. stygius* et *simius* ; elle se distingue du premier par son prothorax très-visiblement sinué près des angles postérieurs ; par ses élytres commençant à s'élargir à partir de l'angle huméral, à septième intervalle constituant avec le neuvième un empâtement ou relief commun, avancé jusqu'à l'angle huméral. Elle s'éloigne du *P. simius* par son corps moins grand ; par son prothorax plus brièvement et plus visiblement sinué près des angles postérieurs ; muni d'un rebord latéral saillant. Le ♂ est facile à distinguer de celui des deux espèces précitées, par ses cuisses antérieures glabres en dessous, etc.

11. **P. dalmatinus,** (Dejean) Germar.

Oblong ; d'un noir peu luisant. Prothorax médiocrement arqué sur les côtés et sinué près des angles postérieurs, offrant ordinairement un peu avant la moitié sa plus grande largeur ; non réticuleux. Elytres élargies à partir de l'angle huméral ; à stries assez légères et marquées de points ne crénelant pas les intervalles (environ 34 à 38 sur la quatrième) : la troisième, aboutissant le plus souvent au point le plus avancé de la sinuosité basilaire du prothorax. Intervalles plans ou presque plans ; densement et ruguleusement ponctués : les septième et neuvième un peu plus saillants, constituant en devant un empâtement commun.

Blaps emarginata, GERMAR, Reise nach Dalmat. p. 190. 54.

Dendarus dalmatinus, DEJ. catal. (1821), p. 63 — WALTL, Isis. (1838) p 462, 76. — KUESTER. Kaef. Eur. 2. 24.

Pedinus dalmatinus, GERMAR, Insect. spec. (1824) p. 142. 237 (suivant l'exemplaire typique confié par MM. Germar et Schaum).

Pandarus dalmatinus, DEJ. Catal. (1837) p. 212.

Pandarus strigilis, (FRIWALDSKY), suivant M. le comte de Mannerheim.

Pandarus italicus, (SOLIER) *in* mus. paris.

Long. 0,0123 à 0,0146 (5 1/2 à 6 1/2 l.) Larg. 0,0048 à 0,056 (2 1/8 à 2 1/2) (♂) — 0.0059 à 0, 0,0067 (2 2/3 à 3 l.) (♀).

Corps oblong ; assez faiblement ou médiocrement convexe; d'un noir peu luisant. *Tête* densement ponctuée, plus finement sur la partie postérieure. *Antennes* noires, graduellement d'un brun fauve ; à troisième article visiblement plus court, même chez le ♂ que les trois derniers réunis. *Prothorax* médiocrement ou assez faiblement arqué sur les côtés et sensiblement sinué près des angles postérieurs ; offrant ordinairement vers les trois septièmes sa plus grande largeur ; muni latéralement d'un rebord assez étroit, parfois un peu épaissi graduellement et se rapprochant des angles, peu saillant ; faiblement arqué sur les trois cinquièmes médiaires de sa base, avec le milieu de celle-ci un peu moins prolongé en arrière que les angles ; assez faiblement convexe, surtout entre le disque et les bords latéraux ; couvert de points très-rapprochés, offrant souvent entre les dos et les bords latéraux quelque tendance à la réticulation. *Elytres* élargies à partir de l'angle huméral, d'une manière assez faible (♂) ou assez notablement (♀) jusqu'à la moitié ; à stries assez légères, marquées de points ne crénelant pas ou crénelant à peine les intervalles (environ 34 à 38 sur la quatrième strie : les postérieurs peu distincts). *Intervalles* couverts de points presque contigus, assez petits, un peu rugueux : les trois internes plans en devant : les autres à peine convexes : tous faiblement convexes postérieurement : les premier, troisième et septième, saillants à leur extrémité : les septième et neuvième unis en devant et constituant un empâtement commun, assez court, avancé jusqu'à l'angle huméral, ordinairement assez faiblement saillant. *Repli* notablement plus large que l'intervalle voisin, vers les hanches postérieures ; à bord supérieur invisible en dessus près de l'angle huméral. *Côtés* de l'antépectus marqués de points, en général peu ou en partie seulement unis en sillons. *Prosternum* à trois sillons : le médiaire ordinairement plus large et creusé en fossette. *Cuisses* toutes glabres en dessous. *Jambes* presque droites.

Patrie : La Dalmatie, (coll. Aubé, Baudi, Chevrolat, Deyrolle, Gaubil, Perroud, Reiche) ; l'Etrurie (Reiche) ; Naples et la Sicile (Chevrolat, Deyrolle) ; la Turquie (de Mannerheim).

♂ *Jambes antérieures* en toit obtus ; à tranche interne, échancrée près de l'extrémité presque jusqu'au quart de la largeur : les *intermédiaires* et *postérieures* ornées, sur leur arête inférieure, d'une bande longitudinale linéaire d'un duvet épais et flavescent : les *intermédiaires* munies d'une petite dent à l'extrémité de leur arête inférieure. *Trois premiers articles* des tarses antérieurs et intermédiaires garnis de brosses, en dessous. *Deuxième et troisième articles des tarses antérieurs*, dilatés : les mêmes des intermédiaires moins dilatés que ceux de devant.

♀ *Jambes antérieures* à tranche interne vive et denticulée ; sans échancrure : les autres glabres et inermes. *Tarses antérieurs* peu épais ou très-faiblement dilatés.

Obs. Cette espèce se distingue du *P. lugens* par son corps en général proportionnellement un peu plus large ; par son prothorax offrant ordinairement un peu avant le milieu sa plus grande largeur, plus faiblement et plus longuement sinué près des angles postérieurs ; par les stries des élytres plus légères ; par ses intervalles habituellement plans ou presque plans ; par son septième intervalle moins saillant, surtout sur la partie médiaire.

Le ♂ se distingue facilement de toutes les espèces précédentes, à l'exception de celui du *simius*, par ses jambes de devant échancrées près de l'extrémité de leur arête interne ; il se distingue du *simius* ♂, par ses cuisses antérieures glabres en dessous.

Le *P. dalmatinus* a le prothorax généralement assez régulièrement subconvexe, muni d'un rebord latéral peu ou point saillant ; les jambes intermédiaires offrant les traces d'un sillon sur leur arête externe ; les intervalles des élytres plans ou à peu près plans : la troisième strie plutôt que la quatrième, aboutissant à la partie la plus avancée de la sinuosité basilaire du prothorax, mais ce dernier caractère n'est pas d'une constance rigoureuse.

Nous avons vu sous le nom de *P. siculus* (Mannerheim) des individus ♂ s'éloignant du *P. dalmatinus*, dont ils ont d'ailleurs tous les autres caractères, par le prothorax plus plan sur son disque et muni d'un rebord latéral saillant, qui leur donne un peu le faciès du *P. lugens* ; par les intervalles des élytres moins plans ou légèrement convexes. Ces différences ne seraient-elles que des variations particulières aux ♂, ou doivent-elles constituer une espèce particulière ? Nous n'avons pas eu sous les yeux un assez grand nombre de sujets pour résoudre cette question : dans tous les cas, les ♂ n'offrent dans les diverses parties de leurs pieds aucune différence appréciable.

12. P. torpidus.

Suballongé ; d'un noir un peu métallique. Prothorax arqué sur les côtés, faiblement sinué près des angles postérieurs, offrant, un peu avant ou après la moitié, sa plus grande largeur ; ponctué, non visi-

blement réticuleux. Elytres en ligne presque droite vers l'angle huméral, obtusément arrondies à l'extrémité ; à stries légères, presque réduites à des rangées striales de points (28 *à* 30 *sur la quatrième strie*). *Intervalles plans ; ponctués, peu ou point ruguleux : le septième, saillant en devant. Bord supérieur du repli visible en dessus jusqu'au dixième de la longueur.*

Long. 0,0146 (6 1/2 l.) Larg. 0,0081 (2 1/4 l.)

Corps suballongé ; assez faiblement convexe ; d'un noir un peu métallique. *Tête* densement ponctuée, ruguleuse sur la partie postérieure, réticuleuse sur le front. *Prothorax* arqué sur les côtés, en ligne peu courbe dans sa seconde moitié, et faiblement sinuée vers les angles postérieurs ; offrant, vers les trois septièmes ou un peu avant, sa plus grande largeur; muni latéralement d'un rebord assez étroit, uniforme, peu saillant ; un peu obtusément arqué sur les trois cinquièmes médiaires de la base, et un peu moins prolongé en arrière au milieu de celle-ci qu'aux angles postérieurs ; assez faiblement convexe ; marqué de points rapprochés, séparés par des intervalles lisses, ayant quelque tendance à la réticulation. *Elytres* élargies assez faiblement jusqu'à la moitié, en ligne presque droite à partir de l'angle huméral jusques un peu après, peu sinuées près de l'extrémité, avec celle-ci plus large et plus obtuse que chez les autres espèces ; médiocrement convexes ; à stries légères, presque réduites à des rangées striales de points en général plus longs que larges, ne crénelant pas les intervalles (environ 28 à 30 sur la quatrième strie). *Intervalles* plans, assez finement ponctués ; peu ou point ruguleux : les sutural et troisième, dilatés postérieurement et obtusément saillants : le septième, graduellement saillant d'arrière en avant à partir dn cinquième de la longueur. *Repli* un peu plus étroit que l'intervalle voisin vers les hanches postérieures ; à bord supérieur un peu visible jusqu'au dixième, quand l'insecte est examiné en dessus. *Côtés de l'antépectus* marqués de points en partie unis en sillons. *Prosternum* creusé d'un sillon médiaire et rayé d'un sillon plus étroit près de chaque bord latéral. *Cuisses* glabres en dessous. *Jambes* sillonnées sur les deux tiers postérieurs de leur arête externe.

Patrie: Les environs de Smyrne, (collect. Chevrolat).

♂ *Cuisses* toutes glabres en dessous. *Jambes antérieures* un peu élargies depuis la base jusqu'à l'extrémité ; glabres sur leur arête interne ; échancrées près de l'extrémité de celle-ci : les intermédiaires et postérieures garnies d'une bande longitudinale linéaire d'un duvet flavescent sur leur arête interne : les intermédiaires munies d'une très-petite pointe à l'extrémité vers la partie interne. *Trois premiers articles* des tarses antérieurs et intermédiaires garnis en dessous d'une sorte de brosse : les deuxième et troisième articles des antérieurs, et plus faiblement les mêmes des intermédiaires, dilatés.

♀ Inconnue.

Obs. Cette espèce se distingue des autres par ses élytres à peine élargies et presque en ligne droite à partir de l'angle huméral jusqu'au dixième de la longueur, plus larges et plus obtuses à l'extrémité ; par le bord supérieur du repli en ligne droite et visible, quand l'insecte est examiné en dessus, jusqu'au dixième de la longueur ; par la teinte un peu métallique de son corps, etc.

13. P. Victoris.

Oblong ; d'un noir peu luisant. Tête grossièrement ponctuée sur le front. Prothorax assez faiblement arqué sur les côtés, offrant vers la moitié sa plus grande largeur, faiblement sinué depuis les deux tiers jusqu'aux angles postérieurs ; muni d'un rebord latéral peu ou point saillant ; d'un cinquième ou d'un quart plus large que long ; presque réticuleusement ponctué ; chargé, au devant des trois cinquièmes médiaires de la base, d'une faible boursouflure précédée d'un sillon. Elytres élargies à partir de l'angle huméral ; à stries marquées de points arron-

dis, les débordant (environ 20 à 23 sur la quatrième). Intervalles peu ruguleusement ponctués : les quatre premiers, plans sur la majeure partie de leur longueur : les autres subconvexes. Jambes non sillonnées sur l'arête externe.

Pandarus strigosus, V. de Motschoulsky, in collect.

Long. 0,112 (5 l.) Larg. 0,0050 (2 1/4 l.)

♂ *Corps* oblong; assez faiblement convexe; d'un noir peu luisant. *Tête* très-grossièrement ponctuée sur le front, plus finement sur l'épistome. *Antennes* noires, graduellement fauves à l'extrémité; à troisième article presque aussi long que les trois derniers réunis. *Prothorax* assez faiblement ou médiocrement arqué sur les côtés; offrant vers la moitié, ou soit un peu avant, soit un peu après, sa plus grande largeur; muni latéralement d'un rebord peu ou point saillant ; muni à la base d'un rebord au moins aussi apparent, à peine plus étroit, et non interrompu ; sensiblement arqué en arrière sur les trois cinquièmes médiaires de son bord postérieur, et à peu près aussi prolongé en arrière dans le milieu de celui-ci qu'aux angles postérieurs ; très-faiblement et assez régulièrement convexe ; ponctué d'une manière presque réticuleuse ; rayé d'une ligne ou d'un faible sillon transverse, étendu sur les trois cinquièmes de la largeur vers les cinq sixièmes de la longueur ; sensiblement boursoufflé, sur la même largeur, entre ce sillon et la base. *Elytres* médiocrement élargies à partir de l'angle huméral jusque vers la moitié de leur longueur; assez faiblement convexes ; à neuf stries : les deux ou trois premières, faibles, presque réduites à des rangées striales de points : les autres rendues plus prononcées par la subconvexité des intervalles : ces stries, marquées de points arrondis, plus petits ou moins gros sur les deux premières que sur les autres (environ 20 à 23 de ces points sur la quatrième strie) : la deuxième strie , liée à son extrémité à la septième , en enclosant les troisième à sixième. *Intervalles* ponctués, peu ou à peine ruguleux : les trois premiers, plans sur la majeure partie de leur longueur, faiblement convexes à leur extrémité : les autres graduellement subconvexes : le septième, presque en arête faiblement obtuse, réuni en devant au neuvième, pour constituer un empâtement à peine saillant avancé jusqu'à l'angle huméral. *Bord supéreur du repli* invisible en dessus. *Côtés de l'antépectus* marqués de points assez gros, peu ou à peine unis en sillons. *Prosternum* sensiblement relevé en pointe à son extrémité ; creusé d'un sillon médiaire non terminal, et rayé d'une ligne de chaque côté de celui-ci. *Jambes intermédiaires* et *postérieures* n'offrant pas de sillon sur leur arête externe.

Patrie : l'Albanie, (collect. Motschoulsky).

♂ *Cuisses antérieures* garnies en dessous de poils assez fins, flavescents, assez épais, un peu frisés. *Jambes* un peu arquées : les antérieures un peu moins étroites ou moins larges à leur extrémité que les intermédiaires ; à peine échancrées, ou faiblement sinuées près de l'extrémité de leur arête interne ; non sillonnées en dessous : les intermédiaires armées d'une petite pointe près de l'extrémité de leur arête inférieure : les intermédiaires et postérieures, ornées en dessous d'une bande longitudinale linéaire de duvet flavescent. *Trois premiers articles des tarses antérieurs* et *intermédiaires* garnis en dessous d'une sorte de brosse : les deuxième et troisième articles des antérieurs, dilatés, aussi larges que l'extrémité de la jambe : les mêmes des intermédiaires à peine plus larges que le premier.

♀ Inconnue.

Cette espèce a été découverte par M. Victor de Motschoulsky à qui nous l'avons dédiée.

Obs. L'exemplaire unique d'après lequel a été faite cette description, offre au devant des trois cinquièmes médiaires de la base du prothorax une boursoufflure transverse qui distingue facilement cette espèce si ce caractère est constant. Le *P. Victoris* s'éloigne d'ailleurs de la plupart des espèces précédentes par ses intervalles peu ou à peine ruguleux ; par les premiers de ceux-ci plans ou à peu près ; par le nombre peu élevé des points des stries.

Le ♂ ne saurait être confondu avec celui des *P. stygius* et *simius* ayant aussi les cuisses antérieures garnies de poils, par la disposition de ces poils moins épais, en forme de cils frisés et d'un blanc flavescent ; il se distingue du premier de ceux-ci, par son septième intervalle uni en devant au neuvième et constituant avec lui un empâtement à peine saillant ; par ses jambes antérieures à peine échancrées, il s'éloigne du *P. simius.*

14. P. mœsiacus.

Oblong ; d'un noir peu luisant. Front presque caréné longitudinalement. Prothorax assez faiblement arqué sur les côtés ; offrant, vers les deux cinquièmes ou un peu plus, sa plus grande largeur ; assez faiblement sinué près des angles postérieurs ; muni d'un rebord latéral un peu saillant ; densement ponctué, non réticuleux. Elytres élargies à partir de l'angle huméral ; à stries légères, marquées de points égaux au tiers des intervalles (environ 20 à 23 sur la quatrième.) Intervalles à peu près plans, ruguleusement ponctués : le septième, constituant en devant avec le neuvième un empâtement assez faiblement saillant. Bord supérieur du repli invisible en dessus. Jambes intermédiaires et postérieures sillonnées au moins sur la moitié de leur arête externe.

Pandarus carbonarius ? (Dej.) catal. (1833) p. 191. — Id. (1837) p. 212.
Pandarus mœsiacus (Friwaldsky). D. Reiche, *in litter.*

Long. 0,0123 à 0,0140 (5 1/2 à 6 1/4 l.) Larg. 0,0050 à 0,0061 (2 1/4 à 2 3/4 l.)

Corps oblong ; assez faiblement convexe ; d'un noir peu luisant. *Tête* ponctuée, presque réticuleuse sur le front ; offrant généralement sur celui-ci les traces plus ou moins apparentes d'une carène longitudinale. *Antennes* noires, avec le dernier ou les deux derniers articles en partie moins obscurs : le troisième un peu moins long que les trois derniers réunis. *Prothorax* assez faiblement ou médiocrement élargi en ligne courbe jusqu'aux deux cinquièmes ou les trois septièmes sa plus grande largeur, rétréci ensuite en formant près des angles postérieurs une sinuosité assez faible ; muni latéralement d'un rebord assez étroit, uniforme, un peu saillant ; sensiblement arqué sur les trois cinquièmes médiaires de la base, avec le milieu de celle-ci presque aussi prolongé en arrière que les angles ; faiblement convexe ; couvert de points très-rapprochés, non réticuleux, mais ayant quelquefois entre le dos et les côtés quelque tendance à une fine réticulation. *Elytres* assez faiblement (♂) ou assez notablement (♀) élargies à partir de l'angle huméral jusque vers la moitié de la longueur ; assez faiblement ou médiocrement convexes ; à stries légères, parfois presque réduites à des rangées striales de points subarrondis ou ovales, égaux environ au tiers de la largeur du quatrième intervalle (environ vingt à vingt-trois de ces points sur la quatrième. *Intervalles* densement et ruguleusement ponctués ; plans ou à peu près, sur la majeure partie de leur longueur, à peine saillants postérieurement : le septième constituant en devant avec le neuvième un empâtement faiblement saillant : le septième intervalle souvent moins indistinctement ou plus sensiblement saillant que le neuvième : ce dernier à peine saillant près de la huitième strie, et, par là, faisant paraitre les élytres arrondies sur les côtés. *Bord supérieur du repli* invisible en dessus. *Côtés de l'antépectus* marqués de points en général peu unis en sillons. *Prosternum* relevé en pointe à son extrémité ; creusé d'un sillon médiaire non prolongé jusqu'à l'extrémité, rayé d'une ligne de chaque côté de ce sillon. *Cuisses* toutes glabres en dessous. *Jambes antérieures* plus larges à leur extrémité que les suivantes. *Jambes intermédiaires* et *postérieures* sillonnées longitudinalement sur la moitié (♂) ou les deux tiers postérieurs (♀) de leur arête externe.

Patrie : les îles Ioniennes, (coll. Deyrolle); la Turquie, (de Kiesenwetter) ; la Russie méridionale? (de Motschoulsky).

♂. *Jambes* peu arquées : les antérieures, échancrées presque jusqu'au quart de leur largeur près de l'extrémité de leur arête interne : les intermédiaires munies d'une petite pointe près de leur extrémité inférieure : les intermédiaires et postérieures ornées à leur côté interne d'une bande longitudinale et linéaire d'un duvet flavescent. *Deuxième et troisième articles des tarses antérieurs et intermédiaires* et partie du premier des mêmes pieds, garnis en dessous d'un duvet serré en forme de brosse : les deuxième et troisième des antérieurs dilatés, aussi larges à peu près que l'extrémité de la jambe : le deuxième des intermédiaires un peu plus large que les troisième et quatrième.

♀ *Jambes* a peu près droites ; sans échancrure ; sans pointe ; sans bande de duvet. *Tarses* sans brosse en dessous : deuxième et troisième articles des antérieurs à peine plus larges : ceux des intermédiaires parallèles.

Obs. Cette espèce se distingue du *P. Victoris* par son front offrant les faibles traces d'une carène longitudinale ; par son prothorax offrant plus antérieurement sa plus grande largeur, ayant moins de tendance à la réticulation, pourvu d'un rebord latéral un peu saillant, non chargé d'une boursoufflure transverse au devant de la base ; par ses élytres un peu moins sensiblement élargies dans leur milieu ; à stries marquées de points moins arrondis, plus ovalaires ; à intervalles plus sensiblement rugu-leux. Le ♂, par ses cuisses antérieures glabres en dessous, par ses jambes de devant fortement échancrées sur leur arête interne, est facile à distinguer de celui de l'espèce précédente.

Nous l'avons vu inscrit dans diverses collections sous les noms de *P. carbonarius* (Dej.), *P. mœsiacus* (Frivaldsky), et dans celle de l'une d'elles sous le nom de *P. messenius* Brullé.

15. **P. cribratus**, (KLUG.) WALTL.

Oblong ; d'un noir un peu luisant. Prothorax arqué sur les côtés ; offrant, vers les deux cinquièmes ou un peu plus, sa plus grande largeur, ordinairement sinué près des angles postérieurs ; muni d'un rebord latéral étroit et un peu saillant ; assez finement ponctué. Elytres élargies à partir de l'angle huméral ; à stries légères, souvent réduites à des rangées striales, marquées de points allongés, ordinairement presque en forme de petites fossettes (15 à 18 sur la quatrième). Intervalles pointillés : les premiers à peu près plans : les autres subconvexes. Jambes intermédiaires et postérieures sillonnées sur leur arête externe.

Pandarus dardanus, (STEVEN) (DEJ.), catal. (1833) p. 191. — Id. (1837) p. 212.
Dendarus cribratus, (KLUG.) (WALTL, *in* OKEN's Isis (1838), p. 462. 78.
Pandarus dardanus, FALDERM. Faun. transcaucas, *in* Nouv. Mém. de la Soc. imp. des nat. de Mosc. t. 5. p. 51, 321.

Long. 0,0117 à 0,0178 (5 1/2 à 7 1/2 l.) Larg. 0,0050 à 0,0078 (2 1/2 à 3 1/2 l.)

Corps oblong ; assez faiblement (♂) ou médiocrement (♀) convexe ; d'un noir un peu luisant. *Tête* couverte de points serrés, plus petits sur l'épistome que sur le front. *Antennes* noires, avec le dernier article fauve sur sa seconde moitié. *Prothorax* élargi en ligne courbe jusqu'aux deux cinquièmes ou un peu plus de sa longueur, rétréci ensuite, ordinairement sinué près des angles postérieurs ou presque parallèle postérieurement ; d'un quart (♂) ou d'un tiers (♀) plus large à la base que long sur son milieu ; assez densement ponctué. *Elytres* assez faiblement (♂) ou plus ou moins notablement élargies (♀) à partir de l'angle huméral jusque vers la moitié de leur longueur ; assez faiblement (♂) ou médiocrement (♀) convexes sur le dos ; à stries ponctuées tantôt assez apparentes, tantôt réduites à des rangées striales de points allongés ou de points mi-fossettes (environ quinze à dix-huit de ces points sur la quatrième). *Intervalles* pointillés ; les deux ou trois premiers ordinairement presque plans en devant, subconvexes postérieurement : les autres, plus sensiblement subconvexes sur toute leur longueur, quelquefois tous presque plans sur la majeure partie de leur longueur : les sutural et troisième ordinairement élargis et plus ou moins saillants à leur extrémité : le septième souvent un peu saillant sur toute sa longueur ou seulement à son extrémité, peu saillant en devant et ordinairement dirigé obliquement vers l'angle huméral près duquel il s'unit avec le neuvième. *Repli* n'offrant pas son bord supérieur visible en dessus. *Côtés de l'antépectus* marqués de gros points faiblement unis en sillons. *Prosternum* un peu relevé en pointe à son extrémité ; creusé d'un sillon longitudinal postérieurement raccourci et parfois presque oblitéré ; rayé d'une ligne de chaque côté de ce sillon. *Cuisses* toutes glabres en dessous. *Jambes antérieures* plus larges à leur extrémité que les intermédiaires : celles-ci et les postérieures, rayées d'un sillon longitudinal sur la moitié postérieure au moins de leur arête externe.

Patrie : la Roumélie, la Turquie, le Caucase, la Caramanie, la Syrie, (collect. Aubé, Chevrolat, Deyrolle, Gaubil, Godard, Lederer, de Marseul, de Motschoulsky, Perroud, Reiche, Truqui, Wachanru).

♂. *Jambes* peu arquées : les antérieures échancrées presque jusqu'au quart de leur largeur, près de l'extrémité de leur arête interne : les intermédiaires et postérieures ornées en dessous d'une bande longitudinale linéaire de duvet flavescent : les intermédiaires munies d'une petite pointe vers l'extrémité de leur arête inférieure. *Tarses antérieurs* et *intermédiaires* offrant les trois premiers articles garnis en dessous d'un duvet serré en forme de brosse : les troisième et surtout deuxième articles des antérieurs très-dilatés, aussi larges que l'extrémité des jambes : les mêmes articles des intermédiaires faiblement plus larges que le premier.

Obs. Cette espèce paraît varier beaucoup, soit sous le rapport de la taille, soit sous plusieurs autres rapports. Ainsi le prothorax est ordinairement plus arqué ou presque subarrondi chez les ♀ que chez les ♂; habituellement il est sinué ou quelquefois presque parallèle près des angles postérieurs; chez certaines ♀ il se montre parfois rétréci jusqu'à ces angles et sans sinuosité au-devant de ceux-ci; les trois cinquièmes médiaires de sa base sont parfois arqués en arrière, d'autres fois presque en ligne droite ou même subéchancrée dans son milieu. Les stries des élytres sont tantôt assez apparentes, tantôt nulles ou réduites à des rangées striales de points : ces derniers sont tantôt allongés, presque linéaires, d'autres fois ils constituent de véritables petites fossettes. Les intervalles sont plus ou moins distinctement ponctués; tantôt presque plans, tantôt subconvexes à partir du troisième ou du quatrième : le septième semble parfois constituer seul ou principalement la saillie antérieure, et s'unir à l'angle huméral d'une manière oblique, d'autres fois il forme plus évidemment, avec le neuvième, le faible empâtement qui s'avance jusqu'à l'épaule. Ces diverses modifications ne semblent toutefois que des variations d'une même espèce reconnaissable au petit nombre des points des stries ou des rangées striales des élytres, et à la forme ou à la grosseur de ces points.

Les ♀ sont parfois démesurément grosses, et présentent une partie du huitième intervalle visible, quand l'insecte est examiné en dessous. Une de ces ♀, d'une grosseur remarquable, portait dans la collection de M. de Motschoulsky le nom de *P. latissimus*.

Le *P. cribratus* a une assez grande analogie avec le *P. mœsiacus*; il s'en distingue par les stries des élytres marquées de points moins nombreux, plus gros, plus arrondis, et par les intervalles non ruguleusement pointillés.

16. P. **punctatus** (STEVEN) LE PELETIER et SERVILLE.

Oblong ; d'un noir un peu luisant. Prothorax arqué sur les côtés, et sinué près des angles postérieurs ; muni d'un rebord latéral étroit et peu saillant ; finement ponctué. Elytres à rangées striales de points ou de points-fossettes ordinairement peu profonds (environ 15 à 18 sur la quatrième rangée). Intervalles superficiellement pointillés : les deuxième, cinquième et septième habituellement plus ou moins saillants : le septième peu ou point saillant en devant. Prosternum creusé d'un sillon médiaire et rayé d'une ou de deux lignes de chaque côté.

Heliophilus punctatus, (STEVEN) (DEJ.) catal. (1821) p. 65. — KRYNICKI. Enumer. *in* Bullet. de la Soc. imp. des natur. de Moscou (1832), t. 5, p. 135.

Pedinus punctatus, LE PELETIER SAINT-FARGEAU et AUDINET-SERVILLE, Encycl. méth. t. 10 (1825) p. 26.

Pandarus punctatus, (DEJ.) catal. (1833) p. 191. — Id. (1837) p. 212.

Long. 0,0095 à 0,0112 (4 1/4 à 5 l.) Larg. 0,0049 à 0,0056 (2 1/4 à 2 1/2 l.)

Corps oblong ; assez faiblement ou médiocrement convexe ; d'un noir peu luisant. *Tête* assez finement ponctuée. *Antennes* noires, avec la moitié du dernier article fauve ; à troisième article presque aussi grand que les trois derniers réunis. *Prothorax* élargi en ligne courbe jusqu'aux deux cinquièmes ou trois septièmes de la longueur, rétréci ensuite d'une manière sinuée ; muni latéralement d'un rebord étroit, uniforme, peu saillant ; peu profondément bissinué à la base, avec la partie médiaire presque en ligne droite et parfois subéchancrée dans son milieu : très-médiocrement convexe ; finement ponctué ; non réticuleux. *Elytres* élargies à partir de l'angle huméral jusque vers la moitié de la longueur ; médiocrement convexes sur le dos ; rarement rayées de stries linéaires, très-étroites et légères, ordinairement marquées seulement de petits points-fossettes, souvent peu ou médiocrement profonds, parfois presque obsolètes (environ 15 à 18 sur la quatrième rangée). *Intervalles* superficiellement pointillés, parfois presque lisses : les troisième, cinquième et plus faiblement le septième et parfois le sutural obtusément saillants : les troisième et cinquième, parfois presque sur toute la longueur, quelquefois seulement sur la moitié postérieure : les premier et deuxième relevés à l'extrémité : le septième peu ou point saillant en devant : le neuvième, ne formant point d'arête obtuse près de la huitième strie et faisant, par là, paraître les élytres arrondies sur les côtés : le huitième en partie visible quand l'insecte est examiné en dessous. *Bord supérieur du repli* invisible en dessus. *Côtés de l'antépectus* ponctués, souvent d'une manière très-superficielle, les points peu ou point unis en sillons légers. *Prosternum* creusé d'un sillon médiaire, relevé depuis ce sillon jusqu'à ses bords latéraux, rayé d'une ligne près de chacun de ceux-ci, et parfois d'une autre ligne plus légère entre la juxta-laterale et le sillon du milieu. *Cuisses* toutes glabres. *Jambes* de devant assez élargies depuis la base jusqu'à l'extrémité; plus larges (♂) ou presque aussi larges (♀) à celle-ci que le tiers de la longueur de leur arête interne : les intermédiaires et postérieures offrant sur leur arête externe les traces d'un sillon longitudinal.

Patrie : Le Caucase, la Russie méridionale, (collect. Aubé, Chevrolat, Deyrolle, de Mannerheim, de Marseul, de Motschoulsky, Reiche. — Muséum de Paris).

♂ *Jambes* antérieures, et moins sensiblement les intermédiaires, un peu arquées: les antérieures médiocrement échancrées près de l'extrémité de leur arête interne : les intermédiaires et postérieures ornées chacune sur leur côté interne, d'une bande linéaire et longitudinale de duvet flavescent : les intermédiaires n'offrant pas, outre les éperons, une petite pointe près de l'extrémité inférieure. *Deuxième* et *troisième articles* des tarses antérieurs et intermédiaires garnis en dessous d'un duvet serré en forme de brosse : les mêmes articles des tarses de devant très-dilatés, aussi larges que l'extrémité de la jambe : ceux des tarses intermédiaires, plus faiblement dilatés.

♀ *Jambes* antérieures non échancrées : les autres sans bande de duvet. *Tarses* non dilatés ; sans brosse en dessous.

Obs. Cette espèce est assez distincte des précédentes par son corps finement et presque superficiellement pointillé au moins sur les élytres ; par ses étuis habituellement non striés ; ordinairement marqués seulement de points parfois médiocres, mais d'autres fois ayant l'apparence de petites fossettes plus ou moins obsolètes, ou en général peu profondes. Le plus souvent les troisième, cinquième et septième intervalles sont obtusément saillants au moins sur la seconde moitié ou sur le tiers postérieur ; mais quelquefois ce caractère est nul ou à peine apparent.

L'une de ces variations porte dans les collections le nom de *P. odessanus* (Steven).

Le ♂ se distingue de celui du *P. cribratus* par ses jambes intermédiaires sans pointe, et par le premier article des tarses antérieurs et intermédiaires dépourvus de brosse, en dessous.

17. **P. extensus** Faldermann.

Oblong ; d'un noir un peu luisant. Prothorax presque aussi large que long ; à peine arqué sur les côtés ; peu ou point sinué près des angles ; offrant les sinuosités basilaires vers chaque sixième externe, avec la partie médiaire plus prolongée en arrière que les angles ; assez finement ponctué. Elytres non sinuées à l'angle huméral ; à stries presque réduites à des rangées striales d'assez gros points (environ 15 à 20 sur la quatrième rangée). Intervalles légèrement convexes ; superficiellement pointillés : le septième, non saillant en devant. Postépisternums parcimonieusement ponctués. Prosternum à trois sillons.

Pandarus extensus, Faldermann, Faun. transcauc. *in* Nouv. Mem. de la Soc. imp. des natur. de Mosc. t. 5, p. 52. 322.

Long. 0,0095 (4 1/2 l.) Larg. 0,0045 (2 l.).

Corps oblong ; assez faiblement ou médiocrement convexe ; d'un noir luisant. *Tête* ponctuée ; ordinairement un peu obsolètement sillonnée transversalement sur la suture frontale et après les yeux. *Antennes* prolongées jusqu'aux angles du prothorax (♂) ; noires, avec les derniers articles moins obscurs ou fauves. *Prothorax* à peine arqué sur les côtés jusqu'aux quatre cinquièmes, en ligne plus insensiblement courbe ou presque droite, postérieurement ; muni d'un rebord latéral et d'un rebord basilaire, très-étroits, peu ou point saillants; offrant les sinuosités basilaires situées presque vers chaque sixième externe, avec la partie intermédiaire faiblement arquée et un peu plus prolongée en arrière que les angles ; peu ou très-médiocrement convexe ; ponctué, non réticuleux. *Élytres* assez faiblement élargies à partir de l'angle huméral, jusque vers la moitié ; assez faiblement convexes sur le dos, subarrondies sur les côtés ; à rangées striales de points mi-fossettes (environ 17 à 20 points sur la quatrième : celle-ci, correspondant au point le plus avancé de la sinuosité de la base du prothorax. *Intervalles* légèrement ou presque superficiellement pointillés ; à peine subconvexes ou presque plans : le septième non saillant en devant : les cinquième et septième à peine sensiblement saillants vers leur partie postérieure : le huitième, sans saillie près de la huitième strie, en partie visible vers son extrémité, quand l'insecte est examiné en dessous. *Bord supérieur du repli* invisible en dessus. *Côtés* de l'antépectus ponctués et en partie sillonnés. *Prosternum* en pointe relevée à son extrémité ; creusé d'un sillon médiaire et d'un sillon plus étroit ou d'une ligne, près de chaque côté, *Postépisternums* peu densement ponctués. *Cuisses* toutes glabres en dessous. *Jambes de devant* assez dilatées depuis la base jusqu'à l'extrémité ; un peu plus larges (♂) à celle-ci que le quart de la longueur de leur arête interne : les intermédiaires et postérieures n'offrant pas ou offrant à peine la trace d'un sillon sur leur arête externe.

Patrie : la Géorgie, (collect. Chevrolat, V. de Motschoulsky ; Muséum de Paris).

♂. *Jambes de devant*, et moins sensiblement les intermédiaires, un peu arquées : les antérieures, convexes ou obtusément en toit ; échancrées près de l'extrémité de leur arête interne : les intermédiaires et postérieures ornées chacune, sur leur côté interne, d'une bande longitudinale, linéaire, très-étroite et parfois peu apparente, d'un duvet flavescent : les intermédiaires sans dent apparente vers l'extrémité de leur arête inférieure. *Deuxième et troisième articles des tarses antérieurs*, et peu sensiblement du premier, garnis en dessous d'un duvet serré en forme de brosse ou de ventouses : les deuxième et troisième des intermédiaires offrant ces caractères moins marqués : les deuxième et troisième des antérieurs très-dilatés : les mêmes des intermédiaires à peine plus larges que le premier.

♀. *Jambes* étroites et glabres : les antérieures sans échancrure. *Tarses* peu ou point dilatés ; non garnis de brosses en dessous.

Obs. Cette espèce ressemble beaucoup au *P. cribratus* ; à première vue, elle semble en être un individu, d'une taille beaucoup plus petite et d'une ponctuation plus superficielle. Trompé sans doute par ces apparences extérieures, Dejean l'a considérée comme une variété de celle-là. Elle s'en distingue par son prothorax, arqué sur les côtés ; d'un cinquième à peine plus large à la base que long dans son milieu ; offrant, vers le sixième externe du bord postérieur plutôt que vers le cinquième, chaque sinuosité basilaire, avec les deux tiers de la base sensiblement arqués et plus prolongés en arrière que les angles ; muni latéralement d'un rebord très-étroit, peu ou point saillant ; proportionnellement plus convexe ; marqué d'une ponctuation plus régulière, avec les intervalles presque lisses ; par ses élytres superficiellement pointillées, à septième intervalle sans saillie en devant ; par ses postépisternums lisses, marqués de points espacés ; par ses jambes intermédiaires sans traces de sillons.

18. **P. messenius**, Brullé.

Oblong ; d'un noir peu luisant. Tête offrant ordinairement les traces d'une saillie longitudinale. Prothorax élargi en ligne courbe sur les côtés jusqu'aux deux cinquièmes ou un peu plus, rétréci à partir de la moitié en ligne droite ou peu sinuée ; presque sans rebord sur les côtés ; sinué presque vers chaque sixième externe de la base, avec la partie médiaire arquée et plus prolongée que les angles ; d'un quart au moins plus long que large ; ponctué, non réticuleux. Élytres à stries presque réduites à des rangées striales de points (environ vingt huit à trente sur la quatrième). Intervalles plans, finement ponctués, peu ruguleux : le septième, non saillant en devant. Jambes non sillonnées sur leur arête externe.

Phylax messenius, Brullé, Expéd. sc. de Morée (insectes) p. 211. 366 (suivant les exemplaires typiques du muséum de Paris). — Gaubil, catal. p. 272.

Long. 0,0123 (5 1/2 l.). Larg. 0,0056 à 0 0067 (2 1/2 à 3 l.)

Corps oblong ; d'un noir peu luisant. *Tête* densement ponctuée ; offrant généralement sur le milieu du front les traces d'une saillie ou d'une carène longitudinale très-obtuse. *Yeux* parfois presque coupés par les joues. *Antennes* noires ; à troisième article un peu plus long que les deux derniers réunis. *Prothorax* élargi en ligne courbe jusqu'aux deux cinquièmes ou un peu plus, offrant vers ce point ou vers les trois septièmes sa plus grande largeur, rétréci après la moitié de la longueur en ligne presque droite ou faiblement sinuée ; muni latéralement d'un rebord très-étroit, presque nul, uniforme, à peine saillant , très-obtus sur la tranche latérale ; offrant chaque sinuosité basilaire presque vers le sixième plutôt que vers le cinquième externe de la base, avec la partie médiaire plus prolongée en arrière que les angles ; assez faiblement ou médiocrement convexe ; ponctué un peu plus finement que le front, non réticuleux. *Elytres* élargies en général assez faiblement ou médiocrement (♂), d'une manière plus prononcée (♀) jusqu'à la moitié environ de la longueur; faiblement convexes sur le dos, subarrondies, sur la tranche latérale; à stries légères ou presque réduites à des rangées striales de points subarrondis, médiocres, égaux environ, sur le dos, au cinquième ou au quart du troisième intervalle (environ trente de ces points sur la quatrième rangée). *Intervalles* finement ponctués; à peine ou non ruguleux; plans: les sutural et troisième un peu dilatés et saillants postérieurement: le septième non saillant en devant: le neuvième non relevé en arête obtuse près de la huitième rangée de points et faisant paraître, par là, les élytres subarrondies sur les côtés: le huitième intervalle en partie visible (surtout chez les ♀) quand l'insecte est examiné en dessous. *Bord supérieur du repli* invisible en dessus. *Côtés de l'antépectus* marqués de points en partie unis en sillons. *Prosternum* creusé d'un large sillon médiaire, offrant ordinairement les traces d'une ligne près de chaque bord latéral. *Cuisses* glabres en dessous. *Jambes* intermédiaires et postérieures sans traces de sillon sur leur arête externe.

Patrie : la Grèce, (Muséum de Paris, suivant les exemplaires typiques ; collect. Chevrolat, de Kiesenwetter, Motschoulsky).

♂. *Jambes* peu arquées : les antérieures échancrées près de l'extrémité de leur arête interne: les intermédiaires et postérieures n'offrant pas ou offrant à peine les traces d'une bande linéaire longitudinale de duvet flavescent: les intermédiaires munies d'une petite pointe près de l'extrémité inférieure. *Trois premiers articles* des tarses antérieurs garnis en dessous d'un duvet serré, fauve, en forme de brosse ou de ventouses : les mêmes articles garnis d'un duvet analogue seulement dans leur milieu : les deuxième et troisième articles des antérieurs très-dilatés, aussi larges que l'extrémité de la jambe : les mêmes des tarses intermédiaires, à peine plus larges que le premier.

♀. *Jambes* droites : les antérieures sans échancrure : les intermédiaires sans pointe. *Tarses* dépourvus de brosse : les antérieurs à peine moins grêles que les autres.

Obs. Cette espèce a, comme les *P. oblongus* et *punctatus*, le septième intervalle des élytres non saillant en devant ; les élytres subarrondies ou convexement repliées en dessous sur les côtés, et n'offrant pas une sorte d'arête longitudinale près de la huitième rangée striale. Elle se distingue de ces espèces par son front offrant les traces d'une très-légère carène longitudinale ; par ses élytres presque planes ou peu convexes près de la suture ; par ses rangées striales marquées de points moins gros et plus nombreux ; par ses intervalles plus plans ; par son prosternum creusé d'un sillon plus large et souvent unique. Les élytres parfois notablement élargies chez la ♀, donnent à ces insectes un faciès particulier.

Le *P. gravidus*, Brullé, (Expédit. scient. de Morée, p. 210. n° 363) dont nous avons eu sous les yeux un exemplaire typique (♂), ne nous a pas offert de différence spécifique avec le *P. messenius*. Chez cet exemplaire, les intervalles des rangées striales de points des élytres sont moins plans ou en partie très-légèrement convexes et font, par là, paraître les rangées striales plus profondes ou plus visiblement converties en stries ; mais ces différences légères, et, en général, appréciables seulement lorsqu'on a sous les yeux des individus offrant ces variations, se rencontrent assez souvent chez les divers insectes de cette famille. Le *P. gravidus* offre d'ailleurs tous les autres caractères du *P. messenius*.

Le *P. messenius*, confondu par quelques personnes avec notre *P. carbonarius*, s'en éloigne par son prothorax, muni d'un rebord latéral très-étroit, à peine saillant ou presque nul ; par les rangées striales des élytres marquées de points moins gros ; par les intervalles de ces rangées non ruguleux, et surtout par le septième intervalle non relevé en devant en carène sensible.

Obs. Près du *P. messenius*, viennent se placer des individus offrant aussi sur la tête les traces plus ou moins apparentes d'une saillie longitudinale, et presque tous les autres caractères du *messenius* dont ils semblent néanmoins s'éloigner. Toutefois les espèces qu'ils paraissent devoir constituer réclament une étude plus approfondie, et nous nous bornerons à signaler brièvement les différences qui doivent servir à les faire distinguer.

19. **P. ottomanus**. *Oblong ou suballongé; d'un noir peu luisant. Prothorax arqué sur les côtés, élargi en ligne courbe jusque près de la moitié, rétréci ensuite en ligne presque droite; muni latéralement d'un rebord étroit; sinué presque vers chaque sixième externe de la base, avec la partie intermédiaire arquée en arrière et plus prolongée que les angles, d'un cinquième ou d'un quart plus large que long; ponctué, non réticuleux. Élytres à stries presque réduites à des rangées striales de points (environ vingt-huit à trente-deux sur la quatrième). Intervalles finement ponctués; plans: le septième souvent très-légèrement saillant en devant.*

Pandarus ottomanus, V. de Motschoulsky, in collect.

Long. 0,0112 à 0,0123 (5 à 5 1/2 l.). Larg. 0,0045 à 0,056 (2 à 2 1/2 l.).

Patrie : la Turquie, l'Afrique septentrionale, (collect. Aubé, Chevrolat, Gaubil, Motschoulsky).

Cette espèce se distingue du *P. messenius* par son corps plus étroit; son prothorax ordinairement un peu plus long proportionnellement à sa largeur, muni d'un rebord non écrasé; par les points des rangées striales des élytres un peu plus gros; par le septième intervalle habituellement un peu saillant à sa partie antérieure.

20. **P. tentyrioides**; BRULLÉ. *Oblong ou suballongé; d'un noir peu luisant. Prothorax arqué sur les côtés, ou élargi en ligne courbe jusqu'à la moitié, et rétréci ensuite en ligne presque droite; presque sans rebord latéralement; sinué presque vers chaque sixième externe de la base, avec la partie intermédiaire obtuse et un peu plus prolongée en arrière que les angles; d'un cinquième à peine plus long que large; ponctué, non réticuleux. Élytres à stries étroites, assez légères, marquées de points assez petits (environ vingt-huit à trente-deux sur la quatrième). Intervalles presque superficiellement pointillés: les premier, troisième, cinquième et septième légèrement subconvexes: le septième, non saillant en devant.*

Phylax tentyrioides, BRULLÉ, Expéd. scient. de Morée, (anim. art.). p. 312. n° 368 suivant un exemplaire typique communiqué par le muséum de Paris). — GAUBIL, catal. p. 272.

Long. 0,0109 (4 7/8 l.). Larg. 0,0045 (2 l.).

PATRIE : la Grèce, (Muséum de Paris).

Le *P. tentyrioides* a beaucoup d'analogie, par la forme de son corps et la longueur de son prothorax, avec le *P. ottomanus*; mais il paraît s'éloigner de celui-ci par le rebord écrasé des côtés de son prothorax ; par la partie intermédiaire de la base en arc plus obtus ; par ses élytres plus visiblement pourvues de stries étroites ; par les points de ces stries moins gros ou plus petits ; par les intervalles plus superficiellement et plus finement ponctués ; par les premier, troisième, cinquième et septième de ceux-ci légèrement subconvexes ; par le septième sans saillie distincte en devant ; par la teinte des élytres un peu soyeuse.

Les ♂ de ces trois dernières espèces ne présentent point de différences dans les jambes et autres caractères extérieurs.

Genre *Pandarinus*, PANDARINE.

CARACTÈRES. *Yeux* en partie coupés par les joues; le plus souvent dirigés sur le front d'une manière oblique; cette partie, formant avec l'inférieure un arc dirigé en arrière; quelquefois transverses, mais alors bord antérieur du prothorax à peu près en ligne droite, quand l'insecte est vu en dessus. *Tête* chargée d'un pli plus ou moins sensible au côté interne des yeux. *Antennes* aussi longuement ou un peu moins longuement prolongées que les angles postérieurs du prothorax; à troisième article de moitié environ plus long que le suivant: les huitième à dixième submoniliformes: ce dernier de figure un peu variable. *Prothorax* moins avancé à ses angles antérieurs que le bord postérieur des yeux; bissinué à la base; offrant chacune de ces sinuosités distante des angles postérieurs à peine de plus d'un sixième de la largeur totale de la base. *Elytres* offrant généralement, après l'angle huméral, une légère sinuosité, faisant paraître cet angle en forme de petite dent obtuse un peu courbée en dehors; présentant ordinairement une sorte de fossette plus ou moins sensible, située au devant de l'angle apical et produite par l'écartement dans ce point de chaque bordure suturale; offrant habituellement, vers le milieu ou un peu après, leur plus grande largeur; rétrécies ensuite d'une manière sinuée, avec l'extrémité obtuse ou subarrondie. *Bord supérieur du repli* invisible en dessus, si ce n'est tout au plus à l'angle huméral. *Côtés de l'antépectus* marqués de gros points à peine ou faiblement unis en sillons. *Prosternum* ordinairement relevé en pointe à son extrémité. *Pieds* médiocres. *Jambes* peu élargies: les antérieures, presque planes et râpeuses en dessous.

Les ♂ qu'il nous a été donné d'examiner ont encore les deuxième et troisième articles des tarses antérieurs au moins, dilatés, mais parfois d'une manière peu prononcée. Les autres caractères qu'ils présentent, varient.

Réunis par les caractères généraux indiqués ci-dessus, les insectes de cette coupe ne présentent pas tous un faciès harmonique capable de les faire reconnaître au premier coup-d'œil. Les premiers ont la plus grande analogie avec les *Pandarus*; les derniers au contraire semblent se lier aux Bioplanes. On peut les subdiviser de la manière suivante :

α Yeux dirigés transversalement sur le front, et plus larges que longs, dans leur partie visible en dessus. Bord antérieur du prothorax en ligne droite ou à peine arquée et non bissinuée en devant, quand l'insecte est vu perpendiculairement en dessus. Antennes aussi longuement prolongées que les angles postérieurs du prothorax. Premier article des tarses aussi long à peu près que les deux suivants réunis. Corps oblong. (s. g. *Rizalus*).

1. **P. piceus,** Olivier.

Oblong ; très-médiocrement convexe; brun ou d'un brun noir, peu ou point luisant. Yeux transverses. Prothorax presque en ligne droite en devant; faiblement arqué sur les côtés, offrant vers les deux cinquièmes sa plus grande largeur, rétréci presque en ligne droite à partir de la moitié; finement réticuleux. Elytres à sillons marqués dans le fond de points médiocres (trente à trente-trois sur le quatrième). Intervalles ruguleusement pointillés; en forme de toit; postérieurement chargés, sur leur arête, de points tuberculeux. Pieds d'un brun rouge.

Opatrum piceum, Oliv. Encycl. méth. t. 8. (1811) p. 501. 25. (suivant l'exemplaire typique existant au muséum de Paris).
Pandarus picipes, (Dejean) catal. (1833) p. 191 — id (1837) p. 212.

Long. 0,0090 (4 l.) Larg. 0,0036 à 0,0045 (1 2/3 à 2 l.)

Corps oblong; très-médiocrement convexe; brun ou d'un brun noir peu ou point luisant. *Tête* finement réticuleuse sur le front; ordinairement sillonnée sur la suture frontale et après les yeux, de manière à montrer le front chargé d'une sorte de relief transversal. *Antennes* d'un brun rouge ou rougeâtre.

Prothorax presque en ligne droite, ou à peine échancré en devant, ou même paraissant très-légèrement arqué à son bord antérieur, quand l'insecte est examiné perpendiculairement en dessus; faiblement élargi en ligne peu courbe jusqu'aux deux cinquièmes, plus faiblement rétréci en ligne droite, à partir de la moitié; muni d'un rebord latéral très-étroit, à peine saillant; moins distinctement muni à la base d'un rebord souvent interrompu ou presque interrompu dans son milieu; assez faiblement bissinué à la base, avec la partie médiaire plus prolongée en arrière que les angles, un peu moins long que large; peu convexe; finement réticuleux. *Elytres* à peine et parfois peu distinctement sinuées après l'angle huméral; assez faiblement (♂) ou très-médiocrement (♀) élargies jusque vers la moitié de la longueur; rétrécies plus sensiblement à partir du dernier tiers, subsinuées avant l'extrémité qui est obtuse; à neuf sillons, marqués dans le fond de points médiocres (environ trente à trente-trois sur le quatrième): celui-ci aboutissant en devant un peu plus en dedans que la partie la plus avancée de la sinuosité basilaire du prothorax. *Intervalles* ruguleusement pointillés; en forme de toit ou de carène: les plus voisins de la suture, affaiblis en devant: ces intervalles postérieurement chargés sur leur arête de petits points tuberculeux: les premier et deuxième subterminaux: le neuvième postérieurement uni au troisième ou parfois au deuxième en enclosant les quatrième à huitième: le septième le plus long de ceux-ci: le sixième le plus court. *Dessous du corps* marqué sur les côtés de l'antépectus de gros points à peine unis en sillons. *Prosternum* offrant un sillon médiaire, et rayé d'une ligne ou d'un sillon plus étroit de chaque côté de celui-ci. *Pieds* d'un brun rouge ou d'un rouge brun; ruguleusement ponctués. *Jambes* garnies en dessous de cils épineux: les antérieures, faiblement moins étroites que les intermédiaires: celles-ci et les postérieures sillonnées sur leur arête externe.

Patrie : l'Egypte, l'Algérie, (Muséum de Paris; collect. Deyrolle).

♂. Inconnu.

♀. *Jambes de devant* à peine arquées : les autres droites, inermes. *Tarses* non dilatés : sans brosse en dessous : les trois premiers articles des antérieurs garnis de poils soyeux flavescents.

Obs. La ponctuation du front et du prothorax est plus ou moins sensiblement réticuleuse; les intervalles des élytres sont plus ou moins ruguleux, plus ou moins saillants; mais l'espèce est toujours facilement reconnaissable.

αα. Yeux dirigés sur le front d'une manière oblique; cette partie formant avec l'inférieure un arc dirigé en arrière.

β. Elytres passablement élargies vers le milieu de leur longueur, subgraduellement rétrécies ensuite, notablement moins larges vers les deux tiers que vers la moitié de leur longueur; un peu arquées longitudinalement, assez faiblement ou médiocrement déclives sur leur tiers postérieur. Antennes aussi longuement prolongées que les angles postérieurs du prothorax. Premier article des tarses postérieurs à peu près aussi long que les deux suivants réunis et que le dernier. Corps oblong. (s. g. *Pandarinus*).

2. P. tenellus.

Oblong; très-médiocrement convexe; d'un noir mat ou peu luisant et parfois un peu métallique. Yeux obliques. Prothorax assez faiblement échancré en arc non bissinué, en devant; très-médiocrement arqué sur les côtés, offrant vers les deux cinquièmes sa plus grande largeur, assez faiblement rétréci à partir de la moitié, et peu ou point sinué près des angles postérieurs; finement ponctué. Elytres à rangées striales de points médiocres (environ vingt sur la quatrième); intervalles superficiellement pointillés; plans : les sutural, troisième et septième à peine saillants à l'extrémité.

Hegeter tenellus, (Waltl) ?
Pandarus glabricollis, (Deyrolle) in collect.

Long. 0,0084 (3 3/4 l.). Larg. 0,0033 (1 1/2 l.). (♂) 0,0039 à 0,0042 (1 3/4 à 1 7/8 l.) (♀).

Corps oblong; très-médiocrement convexe; d'un noir mat ou peu luisant et parfois un peu métallique. *Tête* couverte de points enfoncés rapprochés, moins petits sur le front que sur le reste de sa surface; obsolètement ou très-légèrement sillonnée après les yeux et plus obsolètement sur la suture frontale, avec le front faiblement saillant transversalement. *Prothorax* assez faiblement échancré en arc non bissinué, à son bord antérieur; médiocrement élargi en ligne courbe jusqu'aux deux cinquièmes environ, rétréci en ligne presque droite à partir de la moitié, à peine (♂) ou légèrement (♀) subsinué près des angles postérieurs; d'un cinquième plus large à ceux-ci qu'aux antérieurs; muni latéralement d'un rebord uniforme, très-étroit, peu saillant; muni à la base d'un rebord moins apparent; d'un cinquième (♂) ou d'un quart (♀) environ plus large que long; très-médiocrement convexe; plus finement ponctué que le front, non réticuleux. *Elytres* très-légèrement sinuées après l'angle huméral, offrant, par là, cet angle en forme de dent obtuse et un peu courbée en dehors; faiblement (♂) ou médiocrement (♀) élargies jusque vers la moitié de la longueur; à rangées striales de points ronds, médiocres, égaux chacun environ au quart ou au tiers du troisième intervalle vers la moitié de sa longueur (environ vingt à vingt-deux sur la quatrième rangée) : celle-ci aboutissant ordinairement au point le plus avancé de la sinuosité basilaire du prothorax; offrant parfois les traces de quelques légères stries. *Intervalles* pointillés, ordinairement lisses (♂), souvent légèrement ruguleux (♀); plans ou à peu près sur les quatre cinquièmes de leur longueur : les premier, troisième et cinquième faiblement convexes à leur extrémité : le premier élargi postérieurement : le septième peu ou point saillant en devant. *Dessous du corps* marqué sur les côtés de l'antépectus de gros points un peu unis en sillons. *Prosternum* creusé d'un large sillon; ordinairement sans traces de lignes juxta-marginales. *Postépisternums* marqués de points presque contigus. *Pieds* noirs. *Cuisses* glabres en dessous. *Jambes* antérieures sensiblement élargies depuis la base jusqu'à l'extrémité, aussi larges à celle-ci que le quart ou que le tiers de la longueur de leur arête externe : les intermédiaires et postérieures sans traces de sillon sur leur arête externe.

Patrie : la Grèce, (collect. Chevrolat, Deyrolle, de Kiesenwetter).

♂. *Jambes* peu sensiblement arquées : les antérieures aussi larges à l'extrémité que le tiers de la longueur de leur arête externe ; profondément échancrées près de l'extrémité de leur arête interne : les intermédiaires, munies d'une petite pointe près de leur extrémité inférieure. *Trois premiers articles* des tarses antérieurs et intermédiaires, garnis en dessous d'un duvet fauve, en forme de brosse : les deuxième et troisième des antérieurs très-dilatés, aussi larges que l'extrémité de la jambe : les mêmes des intermédiaires faiblement moins étroits que le premier.

♀. *Jambes* antérieures aussi larges à l'extrémité que le quart de la longueur de leur arête externe; sans échancrure : les intermédiaires sans pointe. *Tarses* sans brosse en dessous: les trois premiers articles des antérieurs un peu moins grêles que les autres.

Obs. Nous l'avons vu inscrit dans quelques collections sous le nom spécifique que nous lui avons conservé.

3 P. **coelatus**, Brullé.

Oblong ; faiblement convexe ; d'un noir luisant. Yeux obliques. Prothorax bissinueusement et assez faiblement échancré en devant ; faiblement arqué sur les côtés, offrant vers les deux cinquièmes sa plus grande largeur, à peine rétréci à partir de la moitié et peu ou point sinué ; densement ponctué. Elytres à stries assez faibles en devant, graduellement plus prononcées ; marquées d'assez gros points (environ 20 sur la quatrième). Intervalles pointillés ; presque plans en devant, subconvexes postérieurement : les sutural, troisième et septième, un peu plus saillants.

Dendarus cœlatus, BRULLÉ, Expéd. scientifique de Morée (animaux articulés), p. 208. 362. (Suivant les exemplaires typiques du muséum de Paris).

Pandarus corcyricus, (PARREYS) (DEJ.) Catal. (1837), p. 212. — (GAUBIL), catal. p. 219.

Pandarus cœlatus, BRULLÉ, GAUBIL, catal. p. 272.

(Long. 0,078 (3 1/2 l.). Larg. 0,0030 1 1/2 l.)

Corps oblong ou suballongé ; faiblement convexe ; d'un noir luisant. *Tête* couverte de points enfoncés, serrés, plus gros sur le front et sur une partie de l'épistome. *Prothorax* peu échancré en devant et d'une manière bissinuée ; faiblement élargi en ligne peu courbe jusqu'aux deux cinquièmes environ, presque parallèle ou peu rétréci, en ligne presque droite à partir de la moitié, ou à peine sinuée près des angles postérieurs ; d'un cinquième plus large à ceux-ci qu'aux antérieurs ; muni latéralement d'un rebord uniforme, très-étroit, à peine saillant ; assez faiblement bissinué à la base, avec la partie médiaire plus prolongée en arrière que les angles ; presque aussi long que large (♂), ou d'un sixième plus large que long (♀) ; assez faiblement convexe, mais ordinairement plus rapproché de la surface plane près des côtés, ou paraissant légèrement en gouttière près de ceux-ci ; couvert de points rapprochés, un peu plus petits que ceux du front ; parfois noté de deux gros points ou de deux fossettes ponctiformes, situées une de chaque côté de la ligne médiane, vers les deux tiers de la longueur. *Elytres* très-légèrement sinuées après l'angle huméral, offrant, par-là, cet angle en forme de dent obtuse un peu courbée en dehors ; faiblement ou médiocrement élargies jusque vers la moitié de la longueur ; à stries ordinairement faibles en devant, plus prononcées postérieurement ; marquées d'assez gros points, étendus au moins jusqu'au quart de chaque intervalle (environ 20 de ces points sur la quatrième strie). *Intervalles* finement ponctués ; presque plans ou légèrement convexes sur les trois cinquièmes antérieurs, subconvexes postérieurement : les premier, troisième et septième, sensiblement plus saillants, surtout postérieurement : le sutural, un peu dirigé en dehors au devant de l'angle sutural et laissant entre lui et son point une sorte de fossette : les troisième et septième postérieurement unis en angle très-aigu dirigé en arrière, et offrant après leur union un appendice ordinairement lié, près de l'extrémité, au deuxième ou au premier intervalle. *Dessous du corps* marqué sur les côtés de l'antépectus de gros points à peine unis en sillons ; moins grossièrement ponctué sur le reste. *Prosternum* creusé d'une fossette allongée. *Cuisses* glabres en dessous. *Jambes* intermédiaires et postérieures sans traces de sillons sur leur arête externe.

PATRIE : Les Iles Ioniennes, la Grèce, (Muséum de Paris ; collect. Aubé, Chevrolat, Deyrolle, Godard, de Kiesenwetter, de Marseul, Reiche, Wachanru).

♂. *Jambes antérieures* profondément échancrées près de l'extrémité de leur arête interne : les intermédiaires garnies d'une petite pointe vers leur extrémité inférieure. *Trois premiers articles* des tarses antérieurs et intermédiaires garnis en dessous d'un duvet fauve serré en forme de brosse : les postérieurs dépourvus de ce duvet : deuxième et troisième articles des tarses antérieurs dilatés, un peu moins larges que l'extrémité de la jambe : les mêmes articles des tarses intermédiaires peu ou point dilatés.

♀. *Jambes* de devant sans échancrure : les intermédiaires inermes. *Tarses* non dilatés et sans brosse en dessous.

OBS. Le prothorax est ponctué d'une manière plus ou moins forte ; les deux fossettes sont souvent oblitérées ou indistinctes ; les faibles gouttières juxta-latérales sont parfois peu ou point marquées ; les stries des élytres, assez légères chez quelques individus, sont plus prononcées chez d'autres, et les intervalles se ressentent naturellement de ces modifications : presque plans chez les uns, ils sont plus ou moins convexes chez les autres. Néanmoins l'espèce est assez facile à reconnaître par son prothorax non réticuleux ; par ses élytres striées ; par les intervalles des stries sensiblement convexes, surtout postérieurement, et non en forme de toit ou d'arête sur toute leur longueur.

Nous avons vu cette espèce inscrite dans diverses collections sous le nom de *Hegeter caraboides*, Waltl; mais ce ne peut être le *Gnathosia* (prius *Hegeter*) *caraboides* de cet auteur, décrit dans le journal Isis, publié par Oken, 1838, p. 461. 71, ainsi qu'on en jugera par la phrase diagnostique suivante: *atra, thorace fere parallelipipedo, abdomine oblongo, elytris punctatis*. Ce dernier insecte a d'ailleurs 6 1/2 l. de longueur, taille que n'atteint jamais notre *P. cœlatus*.

ββ. Elytres peu ou à peine élargies depuis l'angle huméral jusqu'à la moitié de leur longueur, à peine plus larges dans ce point que vers les deux tiers; presque planes longitudinalement jusqu'à ceux-ci, subconvexement et fortement déclives postérieurement. Antennes à peine aussi longuement ou moins longuement prolongées que les angles postérieurs du prothorax, au moins chez les ♀. (s. g. *Paroderus*).

4. P. elongatus.

Allongé; assez faiblement convexe; d'un noir luisant. Yeux obliques. Prothorax à peine avancé à ses angles de devant jusqu'au milieu de la boursoufflure postoculaire; plus ou moins sinué près des angles; sans rebord latéral; ponctué, non réticuleux. Elytres plus d'une fois plus longues que larges dans le milieu, prises ensemble; à stries profondes et ponctuées (trente à trente-cinq points sur la quatrième). Intervalles pointillés, ruguleux, convexes ou en forme d'arête, surtout postérieurement. Jambes postérieures non sillonnées sur leur arête externe. Premier article des tarses postérieurs notablement plus court que les deux suivants réunis.

Heliopathes elongatus, (Solier) (Deyrolle) in collect.
Phylax parallelus, (de Brème).
Dendarus elongatus, (Solier), Gaubil, catal. p. 219.

Long. 0,0084 à 0,0106 (3 3/4 à 4 3/4 l.) Larg 0,0030 à 0,036 (1 2/5 à 1 2/3 l.)

Corps allongé; assez faiblement convexe; d'un noir luisant. *Tête* peu engagée dans le prothorax; ponctuée; déprimée ou sillonnée transversalement sur la suture frontale. *Antennes* prolongées environ jusqu'aux quatre cinquièmes (♂) ou aux trois quarts (♀) des côtés du prothorax; noires, brunes ou même parfois d'un brun fauve à la base, graduellement d'un fauve plus ou moins clair à l'extrémité. *Prothorax* assez faiblement échancré à son bord antérieur et d'une manière bissubsinuée; n'atteignant pas ou atteignant à peine à ses angles de devant la moitié de la boursoufflure postoculaire; assez faiblement (♂) ou médiocrement (♀) arqué sur les côtés, c'est-à-dire élargi en ligne courbe jusqu'aux deux cinquièmes, rétréci ensuite en formant près des angles postérieurs une sinuosité plus prononcée chez la ♀ que chez le ♂; moins large ou à peine aussi large (♂) ou plus large (♀) vers les deux cinquièmes de sa longueur que les élytres à leur angle huméral; sans rebord sur les côtés ou n'en offrant de traces que vers les angles postérieurs; d'un cinquième (♂) ou d'un quart (♀) moins long que large; bissinué à la base, avec la partie intermédiaire en ligne presque droite ou à peine arquée en arrière et moins prolongée que les angles; muni d'un rebord basilaire étroit; médiocrement convexe, avec les parties voisines des côtés moins déclives ou un peu rapprochées de la surface plane, surtout chez le ♂; ponctué, non réticuleux. *Elytres* faiblement sinuées après l'angle huméral et offrant cet angle en forme de petite dent obtuse un peu courbée en dehors; plus d'une fois plus longues qu'elles sont larges dans leur milieu, prises ensemble; presque parallèles (♂) ou faiblement élargies (♀) jusque vers la moitié de leur longueur, rétrécies plus sensiblement à partir des deux tiers et sinuées vers les quatre cinquièmes ou cinq sixièmes de leur longueur; presque planes longitudinalement jusqu'aux deux tiers ou un peu moins, subconvexement et fortement déclives postérieurement; assez faiblement convexes; à stries profondes et ponctuées (trente à trente-cinq de ces points sur la quatrième). *Intervalles* ruguleusement ou subruguleusement pointillés : les internes moins convexes en devant que les externes : tous plus convexes en toit ou en arête postérieurement : les septième et huitième en arête ou en toit sur toute leur longueur et plus saillants que le neuvième : les troisième et septième postérieurement unis, en enclosant les quatrième à sixième : le cinquième plus court : le quatrième, correspondant ordinairement, en devant, au point le plus avancé de la sinuosité basilaire du prothorax. *Dessous du corps* marqué sur les côtés de l'antépectus de gros points faiblement unis en sillons ; moins grossièrement ponctué sur le reste de sa surface. *Prosternum* creusé d'un sillon médiaire, et ordinairement rayé d'une ligne, au moins jusqu'à la moitié des hanches, de chaque côté de ce sillon. *Pieds* ponctués ; noirs, parfois bruns ou d'un brun rouge, au moins sur les jambes et les tarses. *Cuisses* glabres. *Jambes intermédiaires* et *postérieures* non sillonnées sur l'arête externe. *Premier article des tarses postérieurs* de moitié environ plus court que les deux suivants réunis, plus court que le dernier.

Patrie : Les parties orientales de l'Espagne, (collect. Aubé, Chevrolat, Deyrolle, Reiche).

♂. *Cuisses* un peu renflées. *Jambes* à peu près droites sur leur arête externe : les antérieures, à peine arquées sur cette arête : celles de devant et du milieu, brièvement ciliées et sensiblement arquées ou échancrées en dessous, avec l'extrémité élargie : les antérieures, pourvues d'une sorte de talon, les intermédiaires armées d'une petite dent, vers l'extrémité de leur arête inférieure. *Trois premiers articles* des tarses antérieurs garnis en dessous d'un duvet fauve testacé, en forme de brosse : les mêmes articles des intermédiaires et postérieurs, garnis de poils soyeux, séparés par un sillon longitudinal. Deuxième et troisième articles des tarses antérieurs assez faiblement ou médiocrement dilatés (le deuxième plus faiblement que le troisième), moins larges que l'extrémité de la jambe : les mêmes articles des tarses intermédiaires à peine moins étroits que le premier.

♀. *Cuisses* peu sensiblement renflées. *Jambes* antérieures seules ciliées et arquées en dessous, sans talon bien prononcé : les intermédiaires inermes. *Tarses* non dilatés; sans brosse en dessous.

5. **P. pauper.**

Oblong ou suballongé ; médiocrement convexe ; d'un noir un peu luisant. Yeux obliques. Prothorax avancé à ses angles de devant presque jusqu'au bord postérieur des yeux ; sinué près des angles ; muni d'un rebord latéral ; presque réticuleux. Elytres moins d'une fois plus longues que larges dans leur milieu , prises ensemble ; à stries peu ou médiocrement profondes et ponctuées (vingt-huit à trente-trois points sur la quatrième). Intervalles peu ou assez faiblement convexes en devant , surtout les internes, convexes ou en arête postérieurement. Jambes postérieures sillonnées sur leur arête externe. Premier article des tarses postérieurs aussi long que les deux suivants réunis.

Long. 0,0090 à 0,0100 (4 à 4 1/2 l.). Larg. 0,0033 à 0,0012 (1 1/2 à 1 7/8 l.

Corps oblong ou suballongé ; médiocrement convexe ; d'un noir un peu luisant. *Tête* assez engagée dans le prothorax ; ponctuée, presque réticuleuse sur le front ; déprimée transversalement sur la suture frontale. *Antennes* à peine prolongées jusqu'aux angles postérieurs du prothorax (♂) , un peu moins longues (♀); noires ou brunes , avec l'extrémité fauve d'une manière variable. *Prothorax* assez faiblement échancré à son bord antérieur et d'une manière bissubsinuée ; atteignant presque de ses angles de devant le bord postérieur des yeux ; assez fortement arqué sur les côtés jusqu'aux cinq sixièmes, sinué ou subparallèle ensuite ; offrant vers la moitié de la longueur sa plus grande largeur ; plus large dans ce point (♂♀) que les élytres à leur angle huméral ; muni sur les côtés d'un rebord étroit ; pareillement rebordé à la base ; bissinué à cette dernière, avec la partie intermédiaire sensiblement arquée et plus prolongée en arrière que les angles; d'un tiers environ plus large que long; très-médiocrement (♂) ou médiocrement (♀) et régulièrement convexe; presque réticuleusement ou un peu réticuleusement ponctué. *Elytres* à peine sinuées après l'angle huméral, et souvent sans sinuosité distincte; moins d'une fois plus longues qu'elles sont larges dans leur milieu, prises ensemble; presque parallèles jusqu'aux trois cinquièmes ou un peu plus, ou à peine élargies dans leur milieu, rétrécies plus sensiblement à partir des deux tiers, et sinuées vers les six septièmes ou sept huitièmes de leur longueur; presque planes longitudinalement jusqu'aux deux tiers environ, subconvexement et fortement déclives postérieurement; très-médiocrement (♀) ou assez faiblement (♂) convexes; à stries en général peu (♀) ou médiocrement (♂) profondes, et marquées de points qui crénèlent les intervalles (vingt-huit à trente-deux de ces points sur la quatrième). *Intervalles* ruguleusement ou subruguleusement ponctués: tous souvent très-faiblement convexes en devant (♀): ordinairement ceux de la moitié interne un peu moins convexes que les autres: tous convexes postérieurement: les troisième et septième plus sensiblement en arête, postérieurement unis en enclosant les quatrième à sixième: le cinquième plus court: le quatrième, aboutissant ordinairement en devant au point le plus avancé de la sinuosité basilaire du prothorax. *Dessous du corps* marqué sur les côtés de l'antépectus de gros points faiblement unis en sillons; moins grossièrement ponctué sur le reste de sa surface. *Prosternum* creusé habituellement d'un seul sillon large et profond. *Pieds* ponctués; noirs, avec les tarses parfois plus clairs et bordés de roux. *Cuisses* subcomprimées; glabres. *Jambes* garnies en dessous de cils spinosules: les intermédiaires et postérieures sillonnées sur l'arête externe. *Premier article* des tarses postérieurs à peu près aussi long que les deux suivants réunis, aussi long que le dernier.

Patrie: les environs de Beyrouth et de Jérusalem, (collect. Chevrolat, Deyrolle).

♂. *Jambes* à peu près droites sur leur tranche externe : les antérieures graduellement élargies depuis la base jusqu'à l'extrémité, aussi larges à celle-ci que les deux septièmes de leur arête externe : les intermédiaires et postérieures à peine élargies, sinuées près de l'extrémité de leur arête interne, qui semble un peu prolongée en forme de talon : les intermédiaires, munies d'une petite pointe à leur extrémité inférieure. *Trois premiers articles des tarses antérieurs* seuls garnis en dessous d'un duvet un peu soyeux, ou presque en forme de brosse : le deuxième et un peu plus sensiblement le troisième des antérieurs dilatés ; moins d'un quart ou d'un tiers moins larges que l'extrémité de la jambe : les mêmes des intermédiaires, à peine moins larges que les autres.

♀. *Jambes de devant* conformes à celles du ♂, à peine aussi larges : les intermédiaires et postérieures droites : les intermédiaires, sans pointe. *Tarses* sans brosse, en dessous : deuxième et troisième articles des antérieurs, un peu moins étroits que les autres.

Obs. Cette espèce se distingue de la précédente par son corps moins allongé, proportionnellement moins étroit ; par sa tête moins dégagée du prothorax ; par ce dernier muni sur les côtés d'un rebord distinct ; par les jambes intermédiaires et postérieures sillonnées sur leur arête externe ; par le premier article de ses tarses postérieurs plus long.

Elle a généralement les stries moins profondes et, par suite, les intervalles moins convexes ; mais ces derniers caractères sont variables. Les ♀ ont habituellement les intervalles plus rapprochés de la surface plane ; quelquefois, chez celles-ci, ces intervalles, même les huitième et neuvième, sont subconvexes sur la majeure partie de leur longueur, tandis qu'ils sont relevés plus ou moins sensiblement en forme d'arête chez les ♂.

Genre *Bioplanes*, Bioplane, Mulsant (1).

(Βιοπλανής, qui cherche sa vie de côté et d'autre.)

Caractère. *Yeux* en partie coupés par les joues, qui se prolongent sur ces organes en formant un canthus graduellement affaibli; parfois même paraissant entièrement coupés par ce canthus; transversalement dirigés sur le front, dans leur partie visible en dessus. *Tête* enfoncée dans le prothorax; chargée d'un pli au côté interne des yeux. *Antennes* à peine aussi longuement ou plus longuement prolongées que les trois quarts des côtés du prothorax; à huitième article sensiblement plus long que le suivant: les huitième à dixième submoniliformes. *Prothorax* échancré en devant d'une manière bissubsinueuse; en général aussi avancé à ses angles de devant que le bord antérieur des yeux; bissinué à la base; offrant chacune des sinuosités distante des angles postérieurs d'un cinquième environ de la longueur totale de la base. *Elytres* offrant généralement après l'angle huméral une légère sinuosité, faisant paraître cet angle en forme de petite dent obtuse un peu courbée en dehors; offrant les traces d'un sillon ou d'une fossette allongée, situé au devant de l'angle apical et produit par l'écartement dans ce point de chaque bordure suturale; postérieurement rétrécies d'une manière sinuée, avec l'extrémité obtuse ou subarrondie; longitudinalement un peu convexes, et subconvexement presque perpendiculaires à l'extrémité. *Bord supérieur du repli* invisible en dessus, si ce n'est à l'angle huméral ou brièvement après celui-ci. *Pieds* médiocres. *Jambes de devant* graduellement et sensiblement élargies depuis la base jusqu'à l'extrémité; planes

(1). Hist. nat. des Coléopt. de Fr. (Latigènes), p. 144.

et râpeuses en dessous. *Premier article des tarses postérieurs* visiblement moins long que les deux suivants réunis, moins long que le dernier.

Les ♂ n'ont les tarses antérieurs ni garnis de poils serrés et en forme de brosse, ni les deuxième et troisième articles des mêmes tarses bien sensiblement dilatés.

Les élytres ont neuf stries et ordinairement le commencement d'une dixième plus ou moins apparente, près de la suture : les première et deuxième, subterminales : la troisième, postérieurement unie à la sixième, en enclosant les quatrième et cinquième unies à leur partie postérieure et plus courtes : les septième et huitième, subterminales.

1 **B. meridionalis**, (Dejean) Mulsant.

Oblong ; médiocrement convexe ; noir, ou d'un noir brun, luisant. Prothorax médiocrement arqué sur les quatre cinquièmes des côtés, sinué ou presque parallèle ensuite ; muni latéralement d'un rebord deux ou trois fois moins étroit que le basilaire. Elytres à stries ordinairement peu profondes, ponctuées, (37 à 42 points sur la quatrième). Intervalles un peu crénelés, peu ruguleusement ponctués, presque plans ou peu convexes en devant : les premier, troisième et septième, obtusément saillants vers leur extrémité : le troisième, postérieurement élargi : le cinquième, plus court, enclos par ses voisins.

Helops tristis ? Rossi, Faun. Etrusc. t. 1, p. 236. 586. id. édit. Hellw. p. 286. 586.

Phylax meridionalis, (Dej.) Catal. (1821) p. 68 — id. (1833) p. 192. — id. (1837) p. 213.

Heliopathes quadricollis, ? (Gaubil) Catal. p. 219.

Heliopathes punctatissimus, (Chevrolat) (Gaubil), catal. p. 219 (suivant les exemplaires typiques de MM. Chevrolat et Gaubil).

Long. 0,0092 à 0,0104 (4 1/8 à 4 2/3 l.) Larg. 0,0045 à 0,0052 (2 à 2 1/3 l.)

Corps oblong ; médiocrement convexe ; d'un noir ou noir

brun, luisant. *Tête* couverte de points contigus ; peu ruguleuse sur le front ; creusée d'un sillon sur la suture frontale. *Antennes* noires, avec l'extrémité moins obscure. *Prothorax* arqué sur les côtés, sinué au devant des angles postérieurs, et souvent presque parallèle dans son dernier sixième ; bissinué à la base avec le quart médiaire de celle-ci, presque en ligne droite et moins prolongé en arrière que les angles ; moins étroitement rebordé sur les côtés qu'à la base ; médiocrement convexe ; presque uniformément couvert de points rapprochés, à peine de la grosseur de ceux du front, séparés par des intervalles assez lisses ; offrant rarement les traces très-légères d'un sillon longitudinal médiaire, raccourci à ses extrémités, surtout en devant. *Ecusson* près d'une fois plus large que long. *Elytres* un peu plus larges en devant que le prothorax à ses angles postérieurs ; légèrement sinuées au bord interne ou supérieur du repli un peu après la partie antérieure de celui-ci, et paraissant munies d'une petite dent obtuse, aux épaules ; presque parallèles ou à peine élargies en ligne courbe jusqu'à la moitié de leur longueur ; à peine de moitié plus longues que larges, prises ensemble ; médiocrement ou peu fortement convexes ; souvent déprimées sur les deux premiers intervalles de chacune ; à stries assez prononcées, marquées de points longitudinalement séparés les uns des autres par des intervalles plus courts que leur diamètre : ces points crénelant un peu les intervalles (37 à 42 sur la quatrième strie) : les septième et huitième stries, moins rapprochées de la base que les autres et unies entre elles : les première et deuxième, postérieurement subterminales : la troisième, ordinairement liée à son extrémité à la septième, en enclosant les quatrième à sixième. *Intervalles* assez densement ponctués et souvent d'une manière légèrement ruguleuse ; subconvexes, au moins à partir du troisième : celui-ci, ordinairement un peu plus large et postérieurement élargi, plus saillant ainsi que le septième, auquel il s'unit à son extrémité postérieure : le premier ou sutural, également un peu plus saillant et élargi en se rapprochant de son extrémité. *Dessous du corps* d'un noir plus luisant; marqué sur les côtés de l'antépectus de points unis en sillons plus ou moins prononcés ; ponctué un peu moins grossièrement sur les médi et postpectus et surtout sur le ventre; noté d'une fossette ou cicatrice de chaque côté des trois premiers arceaux du ventre. *Pieds* ponctués; noirs, avec les tarses moins obscurs.

PATRIE : Le midi de la France, l'Algérie, etc.

♂. *Jambes de devant* plus sensiblement arquées; un peu moins brièvement échancrées à l'extrémité, moins larges ou à peine aussi larges vers le commencement de l'échancrure que le cinquième de la longueur de l'arête externe : les intermédiaires, munies d'une petite épine près de l'extrémité de leur arête inféreure. *Ventre* déprimé et ridé longitudinalement sur les trois premiers arceaux.

♀. *Jambes de devant* moins sensiblement arquées ; un peu moins brièvement échancrées à leur extrémité ; au moins aussi larges près de l'échancrure que le quart de la longueur de l'arête externe : les intermédiaires inermes.

OBS. Le *B. meridionalis*, comme d'autres insectes de cette famille, offre des individus, principalement des ♀, dont les intervalles alternes sont assez sensiblement saillants, pour donner à ces exemplaires une physionomie particulière, capable de les faire considérer par des yeux peu exercés, comme devant constituer une espèce particulière ; mais ce ne sont là que de ces variations qui viennent ajouter des difficultés nouvelles à l'étude déjà si ardue de ces insectes. Les exemplaires de l'Algérie, désignés dans le catalogue de M. Gaubil sous le nom d'*Heliopathes punctatissimus*, présentent ordinairement une taille un peu moins courte, variation légère particulière à divers individus ♂ de nos pays ; mais ils ne nous ont offert aucun caractère véritablement spécifique différent.

TROISIÈME BRANCHE.

HÉLIOPATHAIRES.

Caractères. — *Menton* généralement plus large que long ; élargi d'arrière en avant en ligne un peu courbe, avec les angles de devant obtus ou subarrondis et le bord antérieur ordinairement échancré dans son milieu, d'une manière plus ou moins sensible ; soit presque plan, soit plus habituellement obtusément et assez faiblement relevé longitudinalement sur sa moitié basilaire médiaire, et déprimé sur sa moitié antérieure.

Antennes moins longuement ou à peine aussi longuement prolongées que les angles postérieurs du prothorax ; grossissant faiblement et subcomprimées vers l'extrémité ; à troisième article moins de deux fois aussi long que le suivant : les troisième à sixième non filiformes : les cinquième et sixième, ordinairement obconiques : les neuvième et dixième submoniliformes.

Yeux complétement coupés par les joues ; visibles partie en dessus, partie en dessous : la partie supérieure, ordinairement plus longue que large, en triangle irrégulier ou subarrondi.

Front souvent chargé d'un repli au côté interne des yeux.

Prothorax tantôt appuyé sur la base des élytres, tantôt séparé de celle-ci par un intervalle.

Elytres en ogive obtuse, ou subarrondies à l'extrémité, et souvent subsinuées près de celle-ci ; à neuf stries ou rangées striales de points : celles-ci rarement peu marquées ; à intervalle voisin du repli plus ou moins visible quand l'insecte est examiné en dessous.

Dessous du corps à sillons ponctués, ou grossièrement ponctué sur les côtés de l'antépectus ; habituellement marqué de rides ou sillons longitudinaux sur le ventre.

Prosternum plus prolongé en arrière que les hanches de devant.

Postépisternums ordinairement un peu plus larges vers leur milieu et rétrécis dans leur seconde moitié ; rarement rétrécis d'une manière graduelle depuis la base jusqu'à leur partie postérieure.

Pieds médiocres. *Cuisses* postérieures et parfois les intermédiaires, *Jambes* intermédiaires et postérieures, ciliées en dessous chez divers ♂, glabres chez les ♀. *Jambes de devant* habituellement élargies d'une manière plus ou moins sensible depuis la base jusqu'à l'extrémité. *Tarses* offrant les deuxième et troisième articles dilatés chez un grand nombre de ♂, grêles chez les autres.

Les insectes de cette branche peuvent être divisés en quatre rameaux.

Rameaux.

Prothorax
- s'appuyant sur les élytres : celles-ci le plus souvent creusées à leur base, près des angles huméraux, d'une fossette destinée à recevoir les angles postérieurs du prothorax.
  - Intervalle voisin du repli entièrement visible (¹) quand l'insecte est examiné en dessous. Prothorax offrant à la base deux entailles ou sinuosités prononcées. MELAMBIATES.
  - Intervalle voisin du repli ordinairement en partie invisible, surtout à sa partie antérieure, quand l'insecte est examiné en dessous ; parfois cependant à peu près entièrement visible, mais alors, repli plus large que ce dernier intervalle vers le bord du premier arceau ventral.
    - Prothorax non brusquement rétréci, puis parallèle sur les côtés, au devant des angles postérieurs. MICROSITATES.
    - Prothorax brusquement rétréci, puis parallèle sur les côtés au devant des angles postérieurs. OMOCRATATES.
- séparé des élytres par un intervalle : celles-ci plus ou moins arrondies à l'angle huméral. HELIOPATHATES.

(¹) Ou du moins jusqu'à l'espèce d'arête voisine de l'avant-dernière strie.

PREMIER RAMEAU.

MELAMBIATES.

Caractères. — *Yeux* au moins aussi longs que larges dans leur partie visible en dessus; coupés par les joues. *Prothorax* offrant à la base deux sinuosités ou entailles. *Intervalle des élytres* voisin du repli entièrement visible, quand l'insecte est examiné en dessous ; plus large que le repli, vers le bord postérieur du premier arceau ventral.

A ces caractères, on peut ajouter :

Tête généralement peu enfoncée dans le prothorax ; chargée, au côté interne des yeux, d'un pli saillant ; creusée sur la suture frontale d'un sillon limité à ses extrémités par le pli juxta-oculaire. *Antennes* moins longuement prolongées que les côtés du prothorax ; grossissant un peu vers l'extrémité ; à troisième article presque aussi long que les deux suivants : les troisième à huitième, obconiques : les neuvième et dixième, plus larges que longs : le onzième, irrégulièrement presque orbiculaire, à peine plus long que large. *Prothorax* échancré en arc, en devant ; rebordé latéralement ; à angles postérieurs en forme de dent ; de trois quarts environ plus large à la base que long dans son milieu. *Ecusson* plus large que long. *Elytres* presque parallèles jusqu'aux trois cinquièmes, en ogive obtuse et à peine sinuée, postérieurement. *Dessous du corps* marqué de gros points et souvent sillonné sur les côtés de l'antépectus, moins grossièrement ou plus finement ponctué et souvent ridé longitudinalement sur le ventre. *Pieds* médiocres ; simples. *Cuisses* ponctuées. *Jambes* assez grêles : les antérieures, comprimées. *Corps* peu convexe.

Ces insectes se répartissent dans les genres suivants ;

		GENRES.
Sinuosités basilaires du prothorax	situées chacune vers le douzième externe du bord postérieur, c'est-à-dire très-près des angles, à peine aussi larges que profondes. Elytres émoussées ou subarrondies à l'angle huméral ; n'offrant pas à la partie antéro-externe de leur base, une gouttière ou fossette pour loger les angles postérieurs du prothorax : ceux-ci, en forme de dent étroite.	*Melambius.*
	situées chacune vers le cinquième externe du bord postérieur ; en forme d'angle très-ouvert. Elytres à angle huméral saillant ; creusées, à la partie antéro-externe de leur base, d'une fossette ou d'une gouttière, pour loger les angles postérieurs du prothorax ; ceux-ci en forme de large dent.	*Litoborus.*

Genre *Melambius*, Melambie.

(μελάμβιος, qui mène une vie obscure).

Caractères. *Sinuosités basilaires du prothorax* situées chacune vers le douzième externe du bord postérieur, c'est-à-dire très-près des angles ; à peine aussi larges que profondes. *Elytres* émoussées ou subarrondies à l'angle huméral ; n'offrant pas à la partie antéro-externe de leur base une gouttière en fossette pour loger les angles postérieurs du prothorax : ceux-ci en forme de dent étroite.

1. M. barbarus, Erichson.

Oblong, d'un noir mat. Prothorax élargi en arc non sinué, sur les côtés ; réticuleusement ponctué. Elytres chargées en dessus d'arêtes étroites et à tranche lisse : les troisième et septième postérieurement unies ; ruguleuses et marquées d'une rangée striale de points dans les intervalles de ces arêtes : ces intervalles, les deux premiers surtout, sulciformes.

Philax gnaphosus, (Buquet), (Dej.), cat. (1833) p. 192. — Id. (1837) p. 213. — (Gaubil), catal. p. 220.

Opatrum barbarum, Erichs. *in* Wagner's Reis. *in* d. Regeuts. Algier. t. 3. p. 181. 25. pl. 7.

Phylax barbarus, Lucas, Explor. sc. de l'Algér. p. 327. 895.

Phylax costulatus, (Solier), *in* litter.

Phylax Cerisii, (Chevrolat), *in* litter.

Long 0,0100 à 0,0112 (4 1/2 à 5 l.) Larg. 0,0034 à 0,0045 (1 3/5 à 2 l.).

Corps oblong; faiblement convexe; d'un noir mat. *Tête* ruguleusement ponctuée. *Antennes* prolongées environ jusqu'aux deux tiers (♀) ou aux trois quarts (♂) des côtés du prothorax; noires, avec les derniers articles paraissant moins obscurs par l'effet de leurs poils fauves, souvent avec le dernier article et même les deux précédents, de cette dernière couleur. *Prothorax* élargi sur ses côtés d'une manière arquée, sans sinuosité au devant des angles postérieurs; muni latéralement d'un rebord assez étroit, un peu saillant et tranchant; échancré assez étroitement vers chaque douzième externe, à la base, c'est-à-dire très-près de chaque angle postérieur, en ligne presque droite et sans rebord entre ces échancrures; faiblement convexe; réticuleusement ponctué. *Ecusson* transverse. *Elytres* sans saillie à l'angle huméral; parallèles jusqu'aux trois cinquièmes, en ogive obtuse et à peine sinuée postérieurement; faiblement convexes; chargées en dessus de neuf arêtes étroites, à tranche lisse: la troisième à partir de la suture prolongée à peu près jusqu'à l'extrémité, postérieurement unie ou presque unie à la septième, enclosant ainsi les quatrième à sixième: la cinquième, moins courte que les deux autres: intervalles existants entre ces arêtes, cinq fois aussi larges que ceux-ci, ruguleux et marqués chacun d'une rangée striale de points enfoncés assez médiocres: ces intervalles, paraissant sulciformes par l'effet des arêtes: les deux plus rapprochés de la suture visiblement sulciformes: les autres, plus rapprochés de la surface plane.

Dessous du corps densement ponctué ; rugueux sur la partie médiaire de l'antépectus ; marqué sur les côtés de celui-ci de gros points en partie unis en sillons. *Pieds* moins grossièrement ponctués que le ventre. *Jambes* simples : les antérieures comprimées.

Patrie : l'Algérie, (collect. Aubé, Chevrolat, Deyrolle, Marseul, Wachanru ; Muséum de Paris) ; l'Égypte, (Chevrolat) ; la Syrie, (Reiche).

♂. *Jambes de devant* légèrement arquées ; à peine plus larges à l'extrémité que le quart de la longueur de l'arête externe.

♀. *Jambes de devant* presque droites ; aussi larges à l'extrémité que le tiers de la longueur de l'arête externe.

Genre *Litoborus*, Litoborе.

(λιτοϐόρος, qui vit de peu).

Caractères. *Sinuosités basilaires du prothorax* situées chacune vers le cinquième externe du bord postérieur ; en forme d'angle très-ouvert. *Elytres* à angle huméral saillant ; creusées, à la partie antéro-externe de leur base, d'une fossette ou d'une gouttière, pour recevoir les angles postérieurs du prothorax : ceux-ci en forme de large dent.

1. L. Moreletti, Lucas.

Suballongé ; très-faiblement convexe ou presque aplani ; d'un noir mat. Prothorax arqué sur les côtés et sinué à partir des trois quarts de ceux-ci ; muni latéralement d'un rebord saillant, épais ; réticuleusement ponctué. Elytres offrant en dessus huit sillons et neuf arêtes : les deux ou trois internes de celles-ci plus faibles en devant : la troisième, postérieurement unie à la septième : les sillons ruguleusement pointillés et marqués chacun d'une rangée longitudinale de points moins petits, médiocrement apparents.

Pandarus porcatus, (DEJ.), catal. (1833) p. 191. — Id. (1837) p. 212.

Phylax Moreleti, LUCAS, Exp. sc. de l'Algér. (Anim. articulés), p. 326. 894. (suivant les exemplaires typiques existants au Muséum de Paris). — GAUBIL. catal. p. 219.

Long. 0,0095 à 0,0100 (4 1/4 à 4 1/2 l.) Larg. 0,0030 (1 1/2 l.)

Corps suballongé; très-faiblement convexe ou presque plan; d'un noir mat. *Tête* ponctuée, d'une manière réticuleuse sur le front; chargée d'un pli au côté interne des yeux. *Antennes* aussi longuement (♂) ou un peu moins longuement (♀) prolongées que les angles postérieurs du prothorax; noires, avec les derniers articles moins obscurs; à troisième article au moins aussi long que les deux suivants réunis : le quatrième plus grand que le cinquième : les troisième à septième filiformes, plus longs que larges : le huitième ordinairement obconique : les neuvième et dixième moniliformes, plus larges que longs : le onzième de moitié environ plus grand que le dixième. *Prothorax* arqué sur les côtés, sensiblement sinué et plus rétréci à partir des trois quarts jusqu'aux angles postérieurs ; entaillé vers chaque cinquième externe de la base, avec les trois cinquièmes médiaires à peine arqués ou presque droits, et un peu échancré dans son milieu, et les angles postérieurs un peu plus prolongés, en forme de large dent; muni sur les côtés d'un rebord saillant, souvent presque uniforme, ordinairement un peu plus épais dans sa partie médiaire, convexe, densement pointillé; rayé au devant du bord postérieur, depuis les angles jusques un peu au delà des sinuosités, d'une ligne constituant un rebord étroit, interrompu largement dans son milieu; légèrement convexe; réticuleusement ponctué. *Elytres* un peu plus larges en devant que le prothorax; offrant à l'angle huméral une petite dent en saillie obtuse, suivie d'une faible et courte sinuosité ; faiblement élargies jusqu'à la moitié ou un peu plus, en ogive obtuse postérieurement; presque planes sur les trois cinquièmes antérieurs, convexement déclives longitudinalement sur les parties suivantes; offrant en dessus huit sillons et neuf arêtes (y comprises les juxta-suturale et marginale) : les sillons rugueusement pointillés ou ponctués, et marqués chacun d'une rangée longitudinale de points moins petits, médiocrement apparents : les deux ou trois premiers sillons faibles en devant, plus prononcés vers l'extrémité et rayés d'une strie : les arêtes internes faibles et un peu en toit : les autres plus saillantes : les première et deuxième subterminales : la troisième unie postérieurement à la septième, en enclosant les quatrième, cinquième et sixième : la huitième égale environ à ces dernières. *Dessous du corps* marqué, sur les côtés de l'antépectus, de gros points en partie réticuleux ou presque unis en sillons ; moins grossièrement ponctué et un peu ridé sur le ventre. *Pieds* assez grêles, ponctués. *Jambes* simples.

Patrie : l'Algérie ; la Corse ; la Sardaigne ; l'Espagne méridionale, (collect. Aubé, Chevrolat, Deyrolle, de Mannerheim, de Marseul, Reiche, Wachanru. Muséum de Paris, *type*).

♂. *Quatre premiers articles des tarses antérieurs* dilatés : les deuxième et troisième un peu plus sensiblement que les autres.

♀. *Tarses* grêles.

Obs. Nous l'avons vu inscrit dans quelques collections sous le nom de *Phylax angustatus* (Solier).

2. L. planicollis.

Suballongé ; très-faiblement convexe ou subaplani ; d'un noir mat. Prothorax arqué sur les côtés, à peine sinué à partir des trois quarts de ceux-ci ; muni latéralement d'un rebord assez étroit, peu ou point saillant ; plus sensiblement réticuleux sur les côtés que sur le disque. Elytres à stries légères, marquées de points étroits. Intervalles finement pointillés ou subruguleux ; les septième, cinquième et troisième plus ou moins sensiblement en toit à arête obtuse.

Phylax maurus, Dej. catal. (1833) p. 192. — Id. (1837) p. 213.

Phylan planicollis ? Waltl, Reise durch Tyrol — et Revue Entomol. de Silbermann t. 4. p. 153.

Pandarus subsulcatus, (DE BRÈME), D. SCHAUM, *in* litter.
Pandarus impressicollis, (GAUBIL), catal. p. 219 (*type*).

Long. 0,0090 à 0,0095 (4 à 4 1/2 l.). Larg. 0,0030 (1 1/3 l.)

Corps suballongé; très-faiblement convexe ou subaplani; d'un noir mat. *Tête* un peu réticuleusement ponctuée. *Antennes* à peine prolongées au delà des deux tiers ou des trois quarts des côtés du prothorax; noires, avec les derniers articles moins obscurs; à troisième article au moins aussi long que les deux suivants réunis: les cinquième à huitième obconiques: les sixième à dixième aussi larges que longs (au moins chez la ♀). *Prothorax* arqué sur les côtés; à peine ou très-légèrement sinué à partir des trois cinquièmes de ceux-ci; muni latéralement d'un rebord étroit, égal, peu ou point saillant; peu convexe; ponctué d'une manière plus sensiblement réticuleuse près des côtés que sur le milieu. *Elytres* très-médiocrement convexes, presque aplanies sur le dos; à stries légères et marquées de points assez petits. *Intervalles* pointillés d'une manière plus ou moins superficielle, parfois légèrement subruguleux ou presque unis: les septième, cinquième et troisième, plus ou moins sensiblement en toit à arête obtuse: le troisième subterminal, ordinairement incourbé vers la suture à sa partie postérieure, généralement non lié au septième à son extrémité: les deux dernières stries, visibles seulement en dessous.

PATRIE: les parties méridionales de l'Espagne, (collect. Aubé, Deyrolle, Perroud, Schaum); la Sicile, (Chevrolat); l'Algérie, (Chevrolat, Deyrolle, Gaubil, de Mannerheim, Reiche).

OBS. Cette espèce varie suivant le plus ou moins de saillie des intervalles des stries. Parfois tous les intervalles du dessus semblent très-légèrement en toit obtus, avec les troisième, cinquième et septième, un peu plus saillants. Ordinairement ces derniers seuls sont sensiblement en toit; quelquefois ils le sont peu sensiblement surtout en devant. A cette variation appartient le *Pandarus*? *algiricus*, (GAUBIL), catal. p. 219 (*type*).

Ordinairement le troisième intervalle s'incourbe vers la suture, à son extrémité; rarement il est en ligne droite. Enfin les intervalles sont tantôt finement pointillés, tantôt presque lisses, tantôt très-finement et peu sensiblement subruguleux.

Elle se distingue du *L. Moreleti* par son prothorax peu ou point sinué près des angles postérieurs; à rebord latéral nul ou à peine saillant; par ses élytres à stries peu ou point sulciformes, n'offrant au plus que les troisième, cinquième et septième intervalles en toit obtus.

DEUXIÈME RAMEAU.

MICROSITATES.

Caractères. — *Yeux* au moins aussi longs que larges, dans leur partie visible en dessus. *Prothorax* s'appuyant sur les élytres; non brusquement rétréci, puis parallèle, au devant des angles postérieurs. *Élytres* le plus souvent creusées à leur base d'une fossette destinée à recevoir les angles postérieurs du prothorax. *Intervalle voisin du repli* en partie invisible, surtout vers sa partie antérieure, quand l'insecte est examiné en dessous; parfois en grande partie visible, mais alors repli plus large que cet intervalle, vers le bord postérieur du premier arceau ventral.

A ces caractères, on peut ajouter:

Tête généralement enfoncée dans le prothorax, jusqu'au bourrelet plus ou moins court qui limite les yeux postérieurement. *Antennes* moins longuement ou à peine aussi longuement prolongées que les angles postérieurs du prothorax; grossissant un peu vers l'extrémité; à troisième article environ de moitié plus long que le suivant: les troisième à septième, obconiques: les neuvième et dixième, submoniliformes, au moins aussi larges que longs. *Prothorax* échancré en arc en devant; ordinairement arqué latéralement, et souvent sinué au devant des angles postérieurs ; rebordé sur les côtés ; d'un tiers et parfois de plus des trois quarts plus large à la base que long sur son milieu. *Ecusson* plus large que long. *Elytres* en ogive obtuse à l'extrémité ; souvent subsinuées près de celle-ci. *Dessous du corps* le plus souvent marqué de gros points ou sillonné sur les côtés de l'antépectus ; ordinairement ridé longitudinalement sur le milieu du premier arceau ventral, au moins. *Pieds* médiocres. *Cuisses* simples : les antérieures, comprimées, plus ou moins élargies depuis la base jusqu'à l'extrémité. *Corps* ovale ou oblong chez les uns, suballongé chez quelques autres.

Ces insectes ont tous les tarses grêles dans les deux sexes. Ils se répartissent dans les genres suivants :

		GENRES.
Elytres	brièvement sinuées après l'angle huméral, et offrant à cet angle une dent obtuse, un peu dirigée en dehors.	PHYLAX.
	ni sinuées près l'angle huméral, ni munies d'une dent à cet angle.	MICROSITUS.

Genre *Phylax*, Phylax (1).

(φύλαξ, gardien).

CARACTÈRES. — Ajoutez aux autres caractères communs aux insectes de cette branche ou de ce rameau. *Tête* chargée d'un pli très-marqué au côté interne des yeux ; creusée, sur la suture frontale, d'un sillon profond, prolongé jusqu'aux sutures génales.

---

(1) Ce genre a été primitivement indiqué par Megerle. (Voir DAHL, Catal. (1823), p. 42). Dejean, en le reproduisant dans les diverses éditions

Antennes moins longuement prolongées que les angles postérieurs du prothorax : celui-ci, offrant à la base deux sinuosités ou entailles très-prononcées, situées environ vers chaque cinquième externe du bord postérieur ; muni à ce dernier, d'un rebord interrompu dans son milieu. *Elytres* presque parallèles jusqu'aux trois cinquièmes, ou peu élargies dans leur milieu ; brièvement sinuées après l'angle huméral ; armées à cet angle d'une dent obtuse un peu dirigée en dehors ; creusées à la base d'une fossette pour recevoir les angles postérieurs du prothorax; peu convexes sur le dos. *Jambes de devant* médiocrement élargies depuis la base jusqu'à l'extrémité ; inermes vers le milieu de leur tranche externe. *Tarses* garnis en dessous de poils spinosules : premier article des postérieurs plus court que ce dernier.

Obs. Les élytres ont neuf stries ou rangées striales de points, outre une strie juxta-suturale rudimentaire, ordinairement plus ou moins marquée : les troisième, cinquième et septième intervalles sont saillants, soit sur toute leur longueur, soit seulement à l'extrémité.

Les ♂, comme tous ceux de ce rameau, n'ont aucun des articles des tarses dilaté ; mais ils se reconnaissent facilement à leur ventre longitudinalement concave dans son milieu.

---

de son Catalogue, le désigna successivement, par erreur typographique, sous les noms de *Phylan* (catal 1821, p. 65) et de *Philax* (catal. 1833, p. 192 et 1837, p. 213). M. Brullé (Expéd. sc. de Morée (anim. articulés) p. 209), a essayé d'en donner les caractères; mais ils sont assez généraux pour convenir à plusieurs autres coupes voisines, et le genre *Phylax* de cet auteur ne correspond pas au nôtre ; il comprend, au moins en grande partie, des insectes rentrant dans notre genre *Pandarus*. Ce genre a été restreint dans l'hist. nat. des coléopt. de Fr. (Latigènes , p. 148) à des limites plus étroites.

Le tableau suivant servira à faire reconnaître les espèces d'une manière plus facile.

α. Elytres offrant des stries toujours très-prononcées.

β. Côtés des premier et deuxième arceaux du ventre, marqués de petits points et de fines rides longitudinales.

γ. Intervalles sutural, troisième, cinquième, septième et neuvième des élytres, relevés sur toute leur longueur en arête saillante, à tranche vive et droite. Intervalles pairs presque plans. *costatipennis*.

γγ. Intervalles sutural, troisième, cinquième, septième et neuvième des élytres, à arête un peu onduleuse, ou ridés transversalement ainsi que la plupart des autres.

δ. Intervalles impairs saillants sur toute leur longueur, en forme d'arête un peu onduleuse sur sa tranche. Intervalles pairs non saillants. *undulatus*.

δδ. Intervalles ridés transversalement : les troisième, cinquième et septième, plus ou moins convexes, non en arête sur la moitié antérieure, à peine plus saillants sur cette moitié que les intervalles pairs. *variolosus*.

ββ. Côtés des premier et deuxième arceaux du ventre, marqués de points grossiers.

ε. Strie rudimentaire des élytres, formant près de la suture une dépression longitudinale et postscutellaire trois fois aussi longue que l'écusson. Prothorax sinué sur les côtés près des angles postérieurs. Troisième, cinquième et septième intervalles des élytres en arête saillante sur toute leur longueur. *littoralis*.

εε Strie rudimentaire des élytres presque nulle ou formant avec sa pareille une fossette suturale postscutellaire à peine plus longue que l'écusson. Prothorax non sinué sur les côtés. Troisième intervalle des élytres au moins, obtus à sa partie antérieure. *ingratus*.

αα. Elytres n'offrant sur leur moitié externe, que des stries très-faibles ou réduites à des rangées striales de points.

ζ. Troisième, cinquième et septième intervalles des stries des élytres légèrement en arête. *segnis*.

ζζ. Intervalles des élytres tous plans. *ignavus*.

1. P. costatipennis; Lucas.

Oblong; d'un noir mat. Prothorax sinué au devant des angles postérieurs; réticuleusement ponctué. Elytres à neuf stries marquées de gros points qui crénèlent les intervalles presque jusqu'à la moitié : ceux-ci rugueusement pointillés; alternativement relevés en arêtes saillantes, à tranche assez vive et non ondulée : les autres presque plans : le voisin du repli en majeure partie visible quand l'insecte est examiné en dessous.

Phylax costatipennis, Lucas, Explor. de l'Algérie (anim. articulés) p. 328. 898. (Suivant les exemplaires typiques existants au Museum de Paris) — Gaubil, Catal. p. 219.

Long. 0,0100 (4 1/2 l.) Larg 0,0045 (2 l.).

Corps oblong; d'un noir mat, parfois terreux. *Tête* densement ponctuée; rugueuse sur le front. *Antennes* à peine prolongées au delà de la moitié (♀) ou des trois cinquièmes ( ) des côtés du prothorax; noires, avec les derniers articles à peine moins obscurs *Prothorax* assez faiblement échancré en arc dirigé en arrière, à son bord antérieur; arqué sur les côtés, assez brièvement sinué au devant des angles postérieurs qui son un peu dirigés en dehors; offrant les trois cinquièmes médiaires de sa base faiblement arqués en arrière et échancrés dans leur milieu; assez faiblement convexe; réticuleusement ponctué; ordinairement marqué de deux fossettes situées chacune vers le milieu de la longueur ou à peu près, et vers le tiers de l'espace compris entre la ligne médiane et le bord latéral; souvent noté d'une autre légère fossette au devant du milieu de la base. *Ecusson* en triangle ou en arc au moins une fois plus large que long. *Elytres* faiblement convexes sur le dos, convexement déclives sur les côtés; à neuf stries : les deux premières plus prononcées : les autres plus faibles : la marginale visible seulement en dessous : ces stries marquées de gros points, longitudinalement séparés les uns des autres par un espace au moins égal à leur diamètre (environ vingt-quatre de ces points sur la quatrième strie); notées d'une strie juxta-suturale rudimentaire, formant sur chaque étui une dépression longitudinale trois ou quatre fois aussi longue que l'écusson. *Intervalles* couverts de points assez petits, contigus ou presque contigus; rugueux ou ruguleux; crénelés chacun presque jusqu'à la moitié de leur largeur par les points des stries : les sutural, troisième, cinquième, septième et neuvième relevés sur toute leur longueur en arêtes saillantes, à tranche assez vive, droite ou non onduleuse : les troisième, cinquième et septième un peu plus saillants que le sutural et surtout que le neuvième : les troisième et septième presque unis ou unis postérieurement en enclosant le cinquième qui est plus court : intervalles pairs un peu plus étroits que les autres, presque plans ou faiblement convexes : le voisin du repli, plan, à peu près entièrement visible jusqu'à l'arête quand l'insecte est examiné en dessous. *Dessous du corps* marqué de gros points, à peu près depuis le côté des hanches antérieures jusqu'au bord latéral de l'antépectus; assez finement et peu densement ponctué sur le ventre; marqué de fines rides longitudinales, surtout sur la partie médiaire et près du bord antérieur des premiers arceaux. *Prosternum* obtusément tronqué ou arrondi et souvent échancré à l'extrémité; peu ou point distinctement sillonné longitudinalement. *Pieds* ponctués.

PATRIE : l'Algérie, (Muséum de Paris, *type*; collect. Aubé, Chevrolat, Deyrolle, Gaubil, Reiche).

OBS. Cette espèce porte dans quelques collections le nom de *Phylax nivalis*, RAMBUR, qui dans d'autres est donné à une espèce bien différente.

2. P. undulatus.

Oblong; d'un noir mat. Prothorax à peine sillonné près des angles postérieurs; presque réticuleusement ponctué. Elytres à neuf stries marquées de points gros ou médiocres crénelant les intervalles: ceux-ci pointillés; alternativement relevés en arêtes assez saillantes, à tranche un peu onduleuse ou crevassée: les autres, presque plans ou légèrement convexes; marqués de rides ou de crevasses irrégulièrement transverses, qui unissent les points des stries: le voisin du repli, en majeure partie visible quand l'insecte est examiné en dessous.

Phylax torpidus (Buquet) (Dej.) Catal. (1837) p. 213, *teste* D. Deyrolle. — Gaubil, catal. p. 219.
Phylax humeridens, (Chevrolat) *in* litter.

Long. 0,0097 à 0,00112 (4 1/3 à 5 l.). Larg. 0,0036 à 0,0045 (1 2/3 à 2 l.).

Corps oblong; d'un noir mat. *Tête* ponctuée densement et d'une manière un peu rugueuse. *Antennes* à peine prolongées jusqu'aux trois cinquièmes; noires, avec les derniers articles un peu moins obscures. *Prothorax* arqué sur les côtés, à peine sinué au devant des angles postérieurs qui sont faiblement dirigés en dehors; offrant les trois cinquièmes médiaires de la base en ligne presque droite et entaillée ou échancrée assez faiblement dans son milieu; assez faiblement convexe; couvert de points rapprochés, presque ronds sur le dos, un peu en losange et plus sensiblement réticuleux sur les côtés; ordinairement marqué de quelques fossettes, savoir: une de chaque côté de la ligne médiane, à un tiers de l'espace existant entre cette ligne et chaque bord latéral, vers le milieu de la longueur; une, triangulaire au devant de chaque sinuosité basilaire, et souvent de quelques autres plus ou moins légères. *Ecusson* transverse. *Elytres* très-faiblement convexes sur le dos, convexement déclives sur les côtés; à neuf stries: les deux premières plus prononcées : les autres plus faibles : la marginale visible seulement en dessous : ces stries marquées de points ordinairement médiocres, mais quelquefois paraissant plus gros, longitudinalement séparés les uns des autres par un espace à peine plus grand que leur diamètre (environ dix-huit à vingt de ces points sur la quatrième strie) ; notées d'une strie juxta-suturale rudimentaire, formant sur chaque étui une dépression longitudinale trois fois environ ausi longue que l'écusson. *Intervalles* couverts de petits points, presque contigus, un peu obsolètes ; ruguleux ; alternativement relevés en arêtes assez ou médiocrement saillantes, à tranche un peu onduleuse ou crevassée : les troisième, cinquième et septième, surtout ces deux derniers, un peu plus saillants que les sutural et marginal : le neuvième prolongé jusqu'à l'angle sutural : le septième presque uni, à son extrémité, au neuvième, ordinairement non lié au troisième : le cinquième plus court : les intervalles saillants crénelés jusqu'au quart ou à la moitié par les points des stries : les intervalles pairs, un peu plus étroits, presque plans ou à peine convexes, crevassés par des rides souvent complètement transverses, étendues d'une strie à l'autre en se prolongeant souvent sur la tranche des arêtes : intervalle voisin du repli visible en dessous jusqu'à la neuvième arête, c'est-à-dire sur plus de la moitié de sa largeur. *Dessous du corps* à peine ridé près des hanches antérieures, marqué de gros points, presque depuis celles-ci jusqu'aux bords latéraux de l'antépectus ; assez finement et peu densement ponctué, et légèrement ridé sur le ventre. *Prosternum* obtus à son extrémité ; étroitement rebordé de chaque côté, légèrement ou peu distinctement rayé longitudinalement, non sillonné. *Pieds* ponctués.

Patrie : l'Algérie, (collect. Chevrolat, Deyrolle).

Obs. Cette espèce se distingue de la précédente par son corps proportionnellement plus large ; par son prothorax à peine sinué près des angles postérieurs, non complètement réticuleux ; par les arêtes des intervalles alternes moins vives, un peu onduleuses; par les points des stries en partie étendus en forme de rides ou de crevasses couvrant les intervalles pairs.

Nous n'avons pu adopter le nom donné par M. Buquet, ce nom ayant déjà été appliqué à un autre Pandaraire.

3. **P. variolosus**, Olivier.

Oblong; d'un noir mat. Prothorax assez faiblement sinué près des angles postérieurs; ponctué. Elytres à neuf stries assez prononcées, assez étroites, marquées de points en partie peu apparents, les crénelant à peine. Intervalles pointillés; plus ou moins convexes; à surface rendue très-inégale ou onduleuse par des rides: les troisième, cinquième et septième saillants au moins postérieurement: le voisin du repli en grande partie invisible en dessous. Côtés du ventre assez finement ponctués et ridés.

Opatrum variolosum, Oliv. Encycl. méth. (1811) t. 8. p. 497 (suivant l'exemplaire typique existant dans la collection de M. Chevrolat).

Philax variolosus, Lucas, Explor. scient. de l'Algérie (anim. articulés) p. 327. 897. (suivant un exemplaire typique du Muséum de Paris). — Gaubil, Catal. p. 219.

Phylax interruptus, (Latreille).

Long. 0,0090 à 0,0112 (4 à 5 l.) Larg. 0,0039 à 0,0048 (1 3/4 à 2 l.)

Corps oblong; d'un noir mat. *Tête* densement ponctuée. *Antennes* prolongées à peine jusqu'aux trois cinquièmes ou un peu moins; noires, avec l'extrémité à peine moins obscure. *Prothorax* arqué sur les côtés, assez faiblement et brièvement sinué au devant des angles postérieurs, qui sont à peine dirigés en dehors; offrant les trois cinquièmes médiaires de la base en ligne presque droite, et plus ou moins échancrée dans son milieu; assez faiblement convexe; marqué de points assez rapprochés, médiocres; non réticuleux; noté souvent de deux fossettes juxta-médiaires, vers le milieu de la longueur, et souvent de quelques autres inconstantes et plus légères; offrant parfois les traces d'une ligne longitudinale médiaire plus ou moins raccourcie. *Ecusson* en triangle à côtés arqués, un peu moins long que large, offrant ordinairement les traces d'une ligne ou sillon médiaire. *Elytres* faiblement convexes sur le dos, convexement déclives sur les côtés ; à neuf stries assez prononcées : la marginale visible seulement en dessous : ces stries marquées de points médiocres ou très-médiocres, en général séparés longitudinalement par un espace double au moins de leur diamètre (environ dix-huit de ces points sur la quatrième strie) ; notées d'une strie juxta-suturale rudimentaire, tantôt ne constituant avec sa pareille qu'une fossette suturale postscutellaire, à peine plus longue que l'écusson, tantôt formant sur chaque étui une dépression linéaire et juxta-suturale, trois fois aussi longue que l'écusson. *Intervalles* couverts de très-petits points, presque contigus ; tantôt tous presque plans ou à peine convexes, ordinairement plus ou moins convexes, mais à surface rendue très-inégale par des rides transverses, irrégulières, qui tantôt s'étendent d'une strie à l'autre, tantôt sont plus raccourcies, ou d'autres fois s'étendent sur deux intervalles : le sutural souvent un peu en carène : les troisième, cinquième et septième ordinairement à peine plus saillants que les autres sur leurs deux tiers antérieurs au moins, plus ou moins saillants postérieurement : le troisième uni ou presque uni au septième en enclosant les quatrième à sixième : le septième ou parfois le neuvième prolongé jusqu'à l'angle sutural : le voisin du repli, en majeure partie invisible, quand l'insecte est examiné perpendiculairement sur sa face inférieure. *Dessous du corps* superficiellement ridé près des hanches de devant, marqué sur le recto de l'antépectus de points gros parfois un peu superficiels, d'autres fois plus profonds ou même unis en sillons ; finement ponctué et légèrement ridé sur le ventre. *Prosternum* rétréci en pointe obtuse et courbée en dessous à son extrémité. *Pieds* ponctués.

Patrie : le Portugal et l'Espagne ; (collect. Chevrolat (*type* d'Olivier) ; l'Algérie (Muséum de Paris, *type* de l'insecte décrit par M. Lucas ; collect. Chevrolat, Deyrolle, Gaubil, Godart, Reiche).

Obs. Cette espèce offre quelques variations plus ou moins sensibles. Ainsi, chez quelques individus, le prothorax montre les traces d'une ligne ou d'un léger sillon médiaire plus ou moins raccourci ; chez d'autres, ces traces n'existent pas. Il présente aussi quelques fossettes en nombre et de positions variables. Les stries des élytres, étroites et linéaires, quand les intervalles sont peu convexes, paraissent naturellement plus profondes, quand ceux-ci ont acquis une convexité plus prononcée ; la strie rudimentaire tantôt forme avec sa pareille une fossette suturale postscutellaire à peine plus longue que l'écusson, comme on le voit dans l'exemplaire typique d'Olivier, tantôt, comme dans les individus décrits par M. Lucas, elle constitue sur chaque élytre une ligne trois fois plus longue que l'écusson, et forme avec sa pareille une dépression en parallélogramme allongé. Les intervalles varient sous le rapport de leur saillie et de leur convexité ; rarement les troisième, cinquième et septième, sont visiblement plus saillants que les autres sur toute leur longueur, ordinairement ils s'élèvent à peine au-dessus des intervalles pairs sur les trois quarts antérieurs de leur longueur ; le sutural, souvent plan, est quelquefois assez relevé postérieurement en carène : les autres sont tantôt presque plans ou peu convexes, tantôt (surtout les troisième, cinquième et septième) plus fortement convexes : le septième se prolonge ordinairement jusqu'à l'angle sutural, chez d'autres exemplaires il semble s'unir au neuvième qui paraît se prolonger jusqu'au point précité. Le prosternum est quelquefois creusé d'un sillon médiaire très-apparent, d'autres fois il n'en offre pas de traces.

Nous avons reçu de M. Gaubil, un *P. variolosus* sous le nom de *Philax ambiguus*, Dej. ; mais il est douteux que ce soit l'insecte indiqué sous ce nom dans le catalogue du célèbre entomologiste parisien.

Le *P. variolosus* se distingue des deux espèces précédentes par ses troisième, cinquième et septième intervalles ordinairement non relevés en arête sur toute leur longueur , caractère qui semble presque faire paraître les élytres des *P. costatipennis* et *undulatus* creusées en dessus de quatre sillons. Le *P. variolosus* a d'ailleurs les intervalles impairs des élytres plus crevassés que ceux du *P. undulatus*.

4. P. littoralis, Mulsant.

Oblong ; d'un noir un peu luisant sur les élytres. Prothorax sinué près des angles postérieurs ; presque réticuleusement ponctué. Elytres à neuf stries prononcées, marquées de points assez gros, crénelant les intervalles. Ceux-ci, rugueusement et finement ponctués ; alternativement relevés en toit ou en arêtes médiocrement saillantes, à tranche droite : les autres, médiocrement ou assez faiblement convexes : le voisin du repli en majeure partie invisible quand l'insecte est examiné en dessous.

Philax crenatus, Dej. Catal. (1821), p. 66. — id. (1833) p. 192. — id. (1837) 213. — Gaubil. Catal. p. 219.

Phylax littoralis, (Solier), Muls. Hist. nat. des Coléopt. de Fr. (Latigènes) p. 148.

Long. 0,0090 à 0,0100 (4 à 4 1/2 l.) Larg. 0,0042 à 0,0045 (1 7/8 à 2 l.)

Corps oblong ; d'un noir peu luisant sur la tête et sur le prothorax, luisant ou un peu luisant sur les élytres. *Tête* densement ponctuée. *Antennes* prolongées jusqu'aux trois cinquièmes ou un peu plus (♀) ou jusqu'aux trois quarts (♂) des côtés du prothorax ; noires, avec les derniers articles paraissant moins obscurs. *Prothorax* échancré en arc dirigé en arrière, à son bord antérieur, et déprimé à chaque sinuosité postoculaire ; médiocrement arqué sur les côtés, assez faiblement ou peu fortement sinué près des angles postérieurs ; offrant les trois cinquièmes médiaires de la base en ligne assez faiblement arquée en arrière, obtuse ou subéchancrée dans son milieu ; assez faiblement convexe ; couvert de points presque ronds, séparés par des intervalles étroits, comprimés, un peu saillants, constituant une sorte de réseau ; parfois marqué de dépressions ou fossettes légères. *Ecusson* en triangle près d'une fois plus large que long. *Elytres* subdéprimées longitudinalement sur le dos jusqu'à la deuxième strie, médiocrement convexes ensuite, avec les côtés convexement subperpendiculaires ; à neuf stries : les deux premières, ordinairement plus marquées : les deux dernières, ordinairement non visibles en dessus : ces stries marquées de points médiocres ou assez gros, longitudinalement séparés les uns des autres par un intervalle un peu moins grand que leur diamètre (environ 28 de ces points sur la quatrième strie) ; offrant une strie rudimentaire juxta suturale et postscutellaire deux ou trois fois aussi longue que l'écusson. *Intervalles* couverts de petits points contigus ou presque contigus; ruguleux ; crénelés jusqu'au quart environ par les points des stries ; alternativement relevés en toit ou en arêtes médiocrement saillantes, à tranche non onduleuse : les troisième et septième, postérieurement unis, en enclosant les quatrième à sixième : le cinquième, plus court : le neuvième , ordinairement prolongé jusqu'à l'angle sutural ; intervalles pairs à peu près aussi larges que ceux en toit, un peu moins saillants, médiocrement convexes : le voisin du repli en majeure partie invisible, quand l'insecte est examiné sur sa face inférieure. *Dessous du corps* marqué de gros points sur les côtés de l'antépectus ; noté de points ronds, un peu moins gros, sur les côtés du ventre, légèrement ridé sur le milieu de celui-ci. *Prosternum* rétréci en pointe inclinée ou recourbée en dessous, et paraissant, par là, obtus à son extrémité ; ordinairement peu ou point sillonné. *Pieds* ponctués peu fortement sur les cuisses.

PATRIE : Le midi de la France.

OBS. Les intervalles des élytres offrent, dans leur plus ou moins de saillie, des variations qui modifient un peu la physionomie de quelques individus ; l'espèce est néanmoins facile à reconnaître aux points grossiers et peu épais des côtés des premiers arceaux du ventre.

La belle collection de M Aubé nous a offert un individu, d'une taille plus avantageuse (0,0112. 5 l.) provenant de la Sicile, présentant les caractères généraux du *P. littoralis*, mais que semblerait devoir constituer une espèce particulière *P. fraternus*, en raison des intervalles alternes de ses élytres moins saillants, et surtout en raison de ses angles postérieurs du prothorax rectangulairement ouverts, au lieu d'être dirigés en arrière, et de la partie du bord postérieur comprise entre la sinuosité, arquée en arrière et plus prolongée que les angles, au lieu d'être en ligne presque droite et moins prolongée en arrière que ceux-ci ; mais peut-être n'est-ce là qu'une anomalie.

5. P. Ingratus.

Oblong ; d'un noir mat. Prothorax non sinué au devant des angles postérieurs ; un peu réticuleusement ponctué. Elytres à neuf stries, marquées de points assez gros, crénelant les intervalles. Ceux-ci ruguleusement ponctués ; un peu crevassés ; faiblement convexes : les cinquième et septième faiblement sensiblement en arête sur toute leur longueur : le troisième, seulement à son extrémité : le voisin du repli en majeure partie invisible quand l'insecte est examiné en dessous.

Long. 0,0090 à 0,0095 (4 à 4 1/4 l.). Larg. 0 0036 (1 2/3 l.)

Corps oblong ; d'un noir mat. *Tête* densement ponctuée ; parfois déprimée sur le milieu du front. *Antennes* prolongées jusqu'aux trois cinquièmes ou un peu plus ; noires, avec l'extrémité paraissant moins obscure, par l'effet de poils d'un fauve roussâtre. *Prothorax* échancré en arc dirigé en arrière, à son bord antérieur, et déprimé à chaque sinuosité postoculaire; élargi en ligne courbe jusqu'aux deux cinquièmes, rétréci postérieurement presque en ligne droite, non sinué près des angles postérieurs; offrant les trois cinquièmes médiaires de la base en ligne presque droite et sans échancrure marquée; assez faiblement convexe; couvert de points presque arrondis sur le dos, plus irréguliers sur les côtés, séparés par des intervalles étroits, un peu saillants, qui le font paraître un peu réticuleusement ponctué; ordinairement creusé de deux fossettes, situées vers les trois cinquièmes de la longueur et chacune vers le tiers externe de la largeur totale. *Ecusson* en triangle à côtés curvilignes, une fois au moins plus large que long. *Elytres* déprimées ou subcanaliculées longitudinalement sur le dos jusqu'au tiers au moins de leur largeur, faiblement convexes ensuite, puis convexement perpendiculaires sur les côtés; à neuf stries: les deux premières ordinairement un peu plus prononcées: les deux dernières généralement invisibles en dessus: ces stries, marquées de points médiocres, longitudinalement séparés par un espace égal à leur diamètre, mais liés ou presque confondus sur une partie des stries les moins faibles (environ vingt-huit de ces points sur la quatrième strie); offrant une strie rudimentaire formant avec sa pareille une fossette suturale commune, à peine plus longue que l'écusson. *Intervalles* ruguleux, marqués de points petits ou assez petits, séparés par un intervalle au moins égal à leur diamètre; offrant, surtout sur les plus internes, des crevasses ou rides transverses, qui ne dépassent pas ou dépassent peu ordinairement la largeur d'un intervalle: le septième et plus faiblement le cinquième, relevés en toit ou en arête assez faible sur toute leur longueur: le troisième et un peu le deuxième, plus saillants à leur partie postérieure: le troisième uni ou presque uni postérieurement au septième, en enclosant les quatrième à sixième: le cinquième plus court: le neuvième prolongé jusqu'à l'angle sutural : le voisin du repli, en majeure partie invisible, quand l'insecte est examiné sur sa face inférieure. *Dessous du corps* marqué de gros points, en partie un peu unis, sur les côtés de l'antépectus ; noté de points un peu moins gros , ronds et clair-semés, sur les côtés du ventre ; légèrement ridé sur le milieu de celui-ci. *Prothorax* obtus à son extrémité ; ordinairement non sillonné. *Pieds* ponctués et ruguleux sur les cuisses.

Patrie : l'Algérie , (collect. Aubé).

Obs. Le *P. ingratus* se distingue du *P. littoralis* par son corps un peu plus parallèle, plus sensiblement déprimé sur la suture; par son prothorax non sinué sur les côtés, près des angles postérieurs ; par la strie rudimentaire des élytres n'offrant qu'une fossette suturale, au lieu de constituer une dépression en parallélipipède allongé ; par ses intervalles crevassés : les cinquième et septième faiblement en arête : le troisième pas plus saillant que ses voisins au moins sur sa moitié antérieure ; mais l'individu unique d'après lequel a été faite cette description, a d'ailleurs assez de ressemblance avec le *P. littoralis* pour faire supposer qu'il n'est peut-être qu'un exemplaire anormal de cette espèce.

6. **P. segnis.**

Suballongé ; d'un noir peu luisant. Prothorax très-brièvement ou non sinué près des angles postérieurs ; assez finement ponctué. Elytres à neuf stries : les deux premières moins légères : les septième et huitième à peu près réduites à des rangées striales de points très-médiocres, peu profonds. Intervalles finement et un peu superficiellement pointillés ; presque plans : les troisième, cinquième et septième, légèrement en arête au moins à leur partie postérieure : le sutural, un peu saillant à son extrémité : le voisin du repli à peine visible quand l'insecte est examiné en dessous.

Long. 0,0090 à 0,0093 (4 à 4 1/8 l.). Larg. 0,0033 à 0,0036 (1 1/2 à 1 2/3 l.).

Corps suballongé; d'un noir presque mat sur la tête et sur le prothorax, d'un noir peu luisant sur les élytres. *Tête* densement et assez finement ponctuée. *Antennes* prolongées jusqu'aux deux tiers (♀) ou aux trois quarts ou un peu plus (♂) des côtés du prothorax ; noires, avec les derniers articles paraissant moins obscurs à l'extrémité. *Prothorax* arqué sur les côtés, offrant vers les trois septièmes sa plus grande largeur, sans sinuosité ou très-brièvement et à peine sinué au devant des angles postérieurs ; offrant les trois cinquièmes médiaires de sa base en ligne à peu près droite et sans échancrure dans son milieu ; assez faiblement ou très-médiocrement convexe ; assez finement ponctué, non réticuleux ; ordinairement marqué de deux fossettes, situées chacune vers chaque tiers externe de sa largeur et la moitié de sa longueur. *Ecusson* en triangle une fois plus large que long. *Elytres* assez faiblement ou médiocrement convexes ; non déprimées longitudinalement sur la suture ou près de celle-ci ; à neuf stries ou rangées striales de points : les deux premières en stries assez légères : les autres, au moins en partie, surtout les septième et huitième, presque réduites à des rangées striales de points très-médiocres, peu profonds, longitudinalement séparés les uns des autres par un espace à peu près égal à leur diamètre, mais souvent unis ou peu distinctement séparés (environ vingt-huit de ces points sur la quatrième strie). *Intervalles* finement et un peu superficiellement pointillés, et d'une manière non unie : les troisième, cinquième et septième relevés en toit, d'une manière faiblement ou peu sensible, tantôt sur toute leur longueur, tantôt seulement vers leur partie postérieure : le troisième uni ou presque uni postérieurement au septième en enclosant les quatrième à sixième : le cinquième plus court : le neuvième prolongé jusqu'à l'angle sutural : le sutural également relevé dans son sixième ou cinquième postérieur, et faisant, par là, paraître déprimé l'espace compris entre lui et le troisième : les autres presque plans ou à peine sensiblement convexes : le voisin du repli presque entièrement invisible, quand l'insecte est examiné sur sa face inférieure. *Dessous du corps* marqué de points assez gros et presque unis sur les côtés de l'antépectus; noté de points médiocres et clair-semés sur les côtés du ventre; finement ponctué et faiblement ridé sur les parties médiaires de celui-ci. *Prosternum* obtus à son extrémité; étroitement rebordé entre les hanches, ordinairement sillonné longitudinalement. *Pieds* assez fortement ponctués sur les cuisses.

PATRIE : l'Algérie? (collect. Aubé).

7. P. ignavus.

Suballongé; d'un noir peu luisant. Prothorax très-brièvement sinué près des angles postérieurs; assez finement ponctué. Élytres à neuf stries ou rangées striales de points assez petits : (la marginale ordinairement invisible en dessus) : les deux premières visiblement striées. Intervalles finement pointillés et d'une manière unie sur les intervalles de ces petits points; plans : les deuxième, troisième et septième à peine convexes postérieurement : le marginal, presque entièrement invisible en-dessus.

Long. 0,0100 (4 1/2 l.) Larg. 0,0045 (2 l.).

Corps suballongé; d'un noir peu luisant. *Tête* densement ponctuée. *Antennes* prolongées jusqu'aux deux tiers ou un peu plus. *Prothorax* arqué sur les côtés, offrant vers les trois septièmes sa plus grande largeur, très-brièvement et assez faiblement sinué au devant des angles postérieurs; offrant les trois cinquièmes médiaires de sa base, presque en ligne droite et sans échancrure sensible; assez faiblement ou médiocrement convexe; un peu plus finement ponctué que la tête; non róti culeux; ordinairement creusé de deux fossettes allongées vers le milieu de sa longueur, situées chacune vers les deux cinquièmes de l'espace séparant la ligne médiaire du bord externe. *Elytres* assez faiblement convexes, subdéprimées sur la suture jusqu'à la moitié de leur longueur et jusqu'à la deuxième strie, convexement déclives sur les côtés, finement pointillées : ces petits points séparés par des espaces unis moins étroits que leur diamètre ; à neuf stries ou rangées striales de points : les première et deuxième visiblement en forme de strie : les troisième et quatrième à peine de véritables stries : les autres réduites à des rangées striales de points : ceux-ci, très-médiocres, à peine plus larges qu'un cinquième des intervalles, (près de 40 de ces points sur la quatrième rangée) : la dernière de celles-ci, invisible en dessus. *Intervalles* plans : les deuxième, troisième et septième, faiblement convexes et un peu saillants à leur extrémité postérieure : le sutural non saillant. *Prosternum* oblong, tronqué à son extrémité ; ordinairement sillonné longitudinalement. *Pieds* ponctués assez fortement sur les cuisses.

Patrie : l'Algérie, (collect. Deyrolle).

Obs. Cette espèce a beaucoup d'analogie avec la précédente. Elle se distingue du *Ph. segnis*, par sa taille un peu plus avantageuse ; par son corps proportionnellement moins étroit et moins parallèle ; par ses élytres déprimées sur les deux premiers intervalles ; par ses intervalles tous plans au moins jusqu'aux quatre cinquièmes de leur longueur ; par les rangées striales notées de points plus médiocres et plus nombreux, etc. ; mais ces différences, examinées sur un seul exemplaire, pourraient n'être qu'une anomalie, et réclament des observations ultérieures qui ne peuvent être faites que sur les lieux.

Genre *Micrositus* Microsite.

(μικρόσιτος, qui mange peu.)

Caractère. Ajoutez à ceux qui sont communs à tous les insectes de cette branche ou de ce rameau. *Tête* chargée d'un pli ordinairement faible ou peu prononcé. *Antennes* moins longuement prolongées que les angles postérieurs du prothorax ; à dernier article souvent plus large que long. *Elytres* un peu plus larges en devant ou parfois à peine plus larges que le prothorax à ses angles postérieurs ; ni sinuées après l'angle huméral , ni munies d'une dent à cet angle ; obtusément arrondies ou en ogive obtuse à l'extrémité, et plus ou moins sensiblement sinuées près de celle-ci ; ordinairement creusées à la base, d'une fossette pour recevoir les angles postérieurs du prothorax. *Jambes de devant* comprimées et variablement élargies depuis la base jusqu'à l'extrémité. *Tarses* garnis en dessous de poils spinosules : premier article des postérieurs plus court que le dernier.

Obs. Les insectes de ce genre ont avec les Phylax la plus grande analogie ; mais ils ne présentent pas dans leurs formes extérieures cette homogénéité que montrent les Héliopathaires précédents. Ainsi, chez les uns la tête offre sur la suture frontale un sillon très marqué ; chez d'autres, à peine en voit-on de faibles traces. Le prothorax est parfois bissinué à la base d'une manière très prononcée ; d'autres fois au contraire ces sinuosités sont à peine indiquées. Les angles postérieurs de ce segment se ressentent de ces diverses dispositions : dans le premier cas, ils sont plus ou moins dirigés en arrière : dans le second, ils sont plus rectangulairement ouverts ; ces angles ordinairement très-prononcés, se montrent subarrondis dans le *M. bœticus*. Le rebord basilaire du prothorax est, suivant les espèces, entier ou interrompu. Les élytres varient dans leur longueur relative ; leur tranche marginale formée par le bord supérieur du repli, est tantôt peu visible en dessus, après l'angle huméral, tantôt, comme chez divers Pandares, apparent jusqu'au cinquième ou un peu moins, et alors les étuis se montrent élargis en forme d'arc longitudinal plus ou moins faible, depuis les épaules jusqu'au sixième ou au cinquième de leur longueur ; leur partie postérieure chez diverses espèces se courbe en s'inclinant d'une manière presque perpendiculaire ; chez d'autres au contraire la déclivité est plus prononcée. Les jambes antérieures sont plus étroites dans les dernières espèces, généralement plus élargies chez les premières, quelquefois obtusément denticulées ou à peine festonnées sur leur tranche externe, exceptionnellement armées d'une forte dent vers le milieu de la longueur de cette tranche, chez le *M. tumidus*. Les jambes postérieures ont leur arête dorsale sillonnée et denticulée chez les uns, inerme et sans traces de sillons chez quelques autres.

Les élytres ont encore neuf stries, souvent outre une strie juxta-suturale rudimentaire : les troisième, cinquième et septième intervalles sont généralement plus ou moins saillants à leur partie postérieure.

Les ♂ se reconnaissent comme dans le genre précédent à leur ventre longitudinalement concave au moins sur les deux premiers arceaux ; mais ce caractère est habituellement moins marqué que chez les Phylax.

Chez la dernière espèce (*M. longulus*), les cuisses postérieures sont pubescentes en dessous chez le ♂. Cette espèce semble, par là, former une transition naturelle avec les insectes du rameau suivant.

A. Jambes de devant armées d'une forte dent vers le milieu de leur tranche externe. Elytres denticulées et ciliées à l'angle huméral et un peu après (g. *Hoplarion*).

1. M. tumidus.

Ovale oblong ; convexe ; d'un noir peu luisant. Tête creusée d'un sillon sur la suture. Prothorax très-faiblement bissinué à la base ; ponctué d'une manière un peu râpeuse. Elytres à stries légères : les quatrième et suivantes presque réduites à des rangées striales de points, peu distinctes en devant. Intervalles marqués de points un peu râpeux, plans en devant, à peine relevés en arrière. Bord supérieur du repli, denticulé et cilié vers l'épaule.

Phylax tumidus, (Gaubil) *in* litter.
Phylax convexus, (Chevrolat) *in* litter.

Long. 0,0090 à 0,0097 (4 à 4 1/3 l.). Larg. 0,0045 (2 l.).

Corps ovale oblong; convexe; d'un noir peu luisant. *Tête* couverte de points contigus; ruguleuse; assez profondément sillonnée sur la suture frontale; marquée entre les yeux de quatre fossettes plus ou moins apparentes. *Antennes* prolongées à peine au delà de la moitié (♀) ou des trois cinquièmes (♂) du prothorax; noires à la base, avec les derniers articles d'un brun marron ou d'un marron fauve. *Prothorax* échancré en devant avec la partie intermédiaire entre les sinuosités postoculaires presque en ligne droite; assez fortement élargi en ligne courbe jusqu'à la moitié de la longueur de ses côtés, subparallèle ensuite; muni latéralement d'un rebord étroit, tranchant, un peu saillant et formant, par là, une gouttière très-étroite ou à peine sensible; en ligne faiblement ou à peine sinuée vers chaque cinquième externe de sa base; muni d'un rebord basilaire ordinairement oblitéré ou étroitement interrompu dans son milieu; une fois environ plus large à son bord postérieur que long sur son milieu; convexe; un peu déprimé au devant de chaque sinuosité basilaire; couvert de points rapprochés, peu fins et paraissant souvent légèrement râpeux; offrant parfois, de chaque côté et près de la ligne médiane, les traces de deux fossettes, situées vers les trois cinquièmes de la longueur. *Ecusson* transverse. *Elytres* d'un quart à peine plus longues qu'elles sont larges prises ensemble; émoussées à l'angle huméral; à peu près parallèles jusqu'aux trois cinquièmes; en ogive obtuse et à peine sinuée, postérieurement; convexes; à stries marquées de points à peine une fois moins petits que ceux des intervalles : les deux premières, légères; les autres réduites à peu près à des rangées striales de points : les quatrième et suivantes à peine distinctes à leur partie antérieure. *Intervalles* marqués de points assez petits, médiocrement ou assez rapprochés, un peu râpeux; tous plans en devant, légèrement saillants à leur partie postérieure, et plus sensiblement les troisième et septième. *Bord supérieur du repli* denticulé d'une manière graduellement affaiblie jusque vers le milieu de sa longueur, et hérissé de cils peu épais. *Repli* de moitié au moins plus large que l'intervalle voisin jusqu'à son arête, vers les hanches postérieures. *Dessous du corps* légèrement ridé sur les côtés de l'antépectus et sur ceux du ventre. *Prosternum* ruguleusement ponctué; obtus à sa partie postérieure; creusé d'un sillon postérieurement bifurqué; souvent étroitement rebordé. *Jambes de devant* élargies; armées d'une dent vers les deux cinquièmes de leur arête externe et d'une autre à l'extrémité, fortement échancrées entre ces deux points: les *intermédiaires* et *postérieures* profondément sillonnées sur leur arête dorsale, denticulées de chaque côté de ce sillon.

PATRIE : l'Algérie, (collect. Chevrolat, Gaubil).

AA. Jambes de devant, non armées d'une forte dent vers le milieu de leur tranche externe (g. *Microsilus*.).

α. Elytres ordinairement d'un tiers à peine plus longues qu'elles sont larges prises ensemble, rarement un peu plus longues, mais alors angles postérieurs du prothorax subarrondis. (s. g. *Microsilus*.).

Obs. La première espèce, par sa forme ovale se lie au *M. tumidus*; les autres sont brièvement oblongues, presque parallèles, et offrent les élytres convexement subperpendiculaires à leur extrémité postérieure.

β. Angles postérieurs du prothorax prononcés. Elytres d'un tiers plus longues que larges.

γ. Prothorax offrant à la base deux sinuosités très-prononcées.

δ. Prothorax offrant à la base un rebord plus ou moins faible, plus visible au devant des sinuosités, et interrompu dans son milieu.

ι. Angles huméraux des élytres un peu voilés par les angles postérieurs du prothorax. Intervalles des stries des élytres, plans en devant. Prosternum à deux sillons-fossettes divergents. Corps ovale. *orbicularis.*

ιι. Angles huméraux des élytres non voilés par les angles du prothorax. Intervalles des stries des élytres subconvexes en devant, ridés ou crevassés. Prosternum creusé d'une fossette. Corps oblong. *plicatus.*

δδ. Prothorax offrant à la base un rebord étroit, interrompu ou presque interrompu aux sinuosités, et non au milieu. *distinguendus.*

γγ. Prothorax presque en ligne droite à la base ou n'offrant que de très-faibles sinuosités.

ζ. Intervalles des stries des élytres peu inégalement et à peine convexes en devant ; marqués de points très-petits, superficiels, peu rapprochés et un peu râpeux : les troisième, cinquième et septième, obtusément et médiocrement saillants postérieurement. *montanus.*

ζζ. Intervalles des stries des élytres marqués de points non râpeux : les troisième, cinquième et septième plus ou moins sensiblement en toit.

η. Intervalles des stries des élytres ponctués, presque uniformes en devant : le quatrième ordinairement plus long que le cinquième. Jambes postérieures sillonnées sur la moitié de leur arête dorsale. *ulyssiponensis.*

ηη. Intervalles des stries pointillés ou souvent rugueux : le quatrième, postérieurement plus court que le cinquième. Jambes postérieures ordinairement sillonnées sur presque toute leur longueur. *obesus.*

ββ. Angles postérieurs du prothorax subarrondis. Elytres de près de deux cinquièmes plus longues que larges, prises ensemble. *bœticus.*

αα. Elytres de deux cinquièmes au moins plus longues que larges, prises ensemble ; plus ou moins convexement déclives à leur extrémité postérieure. (s. g. *Platyolus.*)

Obs. Les élytres, au lieu d'être convexement presque perpendiculaires, comme chez la plupart des espèces précédentes, sont plus déclives ou moins brusquement terminées.

θ. Septième intervalle des stries des élytres presque plan en devant, non en forme d'arête ou de toit à pente assez fortement déclive sur toute sa longueur. Prothorax échancré en arc régulier, à son bord antérieur : celui-ci, ne paraissant pas bissinué quand l'insecte est vu perpendiculairement en dessus. Cuisses toujours glabres en dessous.

ι. Septième intervalle des stries non lié en devant à l'angle huméral, par une saillie courte et oblique.

κ. Troisième, cinquième et septième intervalles des élytres non chargés de petites aspérités ou de petits grains, vers leur partie postérieure. *miser.*

κκ. Troisième, cinquième et septième intervalles des élytres chargés, vers leur partie postérieure, de petites aspérités ou de petits grains. *Heeri.*

ιι. Septième intervalles des élytres lié en devant à l'angle huméral, par une saillie subconvexe, courte et oblique. Prothorax assez sensiblement bissinué, non réticuleux. Cinquième et septième intervalles des élytres, subconvexes ou avec tendance à se montrer en toit, en devant ; les autres presque plans. Jambes postérieures non sillonnées sur l'arête dorsale. *gibbulus.*

θθ. Septième intervalle des stries des élytres ordinairement en forme d'arête ou de toit à pente assez fortement déclive sur toute sa longueur, rarement en toit assez faible en devant, mais alors prothorax bissubsinué à son bord antérieur, c'est-à-dire offrant deux dépressions et sinuosités postoculaires assez prononcées, et cuisses postérieures pubescentes, en dessous, chez les ♂.

λ. Jambes postérieures sillonnées sur l'arête dorsale : les intermédiaires presque sur toute leur longueur. Premier à sixième intervalles des élytres peu ou médiocrement convexes en devant ; le septième, en devant, en forme de toit et lié à l'angle huméral. *melancholichus.*

λλ. Jambes postérieures non sillonnées sur leur arête dorsale : les intermédiaires sillonnées à peine sur la moitié postérieure de la dite arête.

μ. Cinquième à huitième stries des élytres sulciformes sur toute leur longueur. Cinquième à huitième intervalles comprimés en forme de tranche. *semi-costatus.*

μμ. Cinquième à huitième stries des élytres non sulciformes. Cinquième à huitième intervalles non comprimés en forme de tranche. Prothorax offrant les sinuosités de la base vers chaque sixième plutôt que vers chaque cinquième externe.

v. Prothorax réticuleux en dessus; non sinué sur les côtés près des angles postérieurs : ceux-ci ouverts à environ 120 degrés. Septième intervalle lié, en devant, à l'angle huméral par une saillie oblique. *furvus.*

vv. Prothorax non réticuleux en dessus, ou n'offrant qu'une faible tendance à la réticulation ; très-sinué ou rétréci près des angles postérieurs : ceux-ci, par là, rectangulairement ouverts.

ξ. Septième intervalle visiblement en arête sur toute sa longueur; uni en devant au neuvième, mais ne paraissant pas lié à l'angle huméral. Cuisses postérieures glabres chez le ♂. *semi-cylindricus.*

ξξ. Septième intervalle ordinairement en toit ou en arête assez faible en devant; paraissant lié par une saillie médiocrement prononcée, à l'angle huméral. Cuisses postérieures du ♂ pubescentes en dessous. *longulus.*

2. M. orbicularis.

Ovale; convexe; d'un noir mat un peu luisant. Tête offrant sur la suture frontale un sillon obsolète et raccourci. Prothorax échancré presque en demi-cercle, en devant; fortement bissinué à la base, et sans rebord apparent au milieu de celle-ci; pointillé. Elytres un peu voilées aux épaules par les angles postérieurs du prothorax; à stries légères, étroites, presque réduites en devant à des rangées striales de petits points. Intervalles plans en devant, à peine convexes postérieurement. Prosternum à deux sillons. Jambes de devant élargies et un peu arquées.

Phylax orbicularis, (Friwaldsky), (D. de Kiesenwetter), *in* litter.

Long. 0,0078 (3 1/2 l.) Larg. 0,0042 à 0,0045 (1 7/8 à 2 l.)

Corps ovale; convexe; d'un noir mat ou peu luisant. *Tête* assez finement ponctuée; offrant sur la suture frontale les traces plus ou moins obsolètes d'un sillon léger et raccourci; rayées parfois après les yeux d'un léger sillon transversal. *Antennes* noires, avec l'extrémité graduellement moins obscure; à troisième article de moitié plus long que le quatrième : les cinquième à septième presque égaux, plus courts que le quatrième. *Prothorax* échancré presque en demi-cercle, en devant, avec les angles antérieurs avancés au moins jusqu'au bord postérieur des yeux ; élargi en ligne courbe jusqu'à la moitié des côtés, puis plus faiblement et en ligne presque droite ; à peine rebordé latéralement ; assez fortement bissinué à la base, c'est-à-dire vers chaque cinquième externe, avec les angles postérieurs dirigés en arrière, et le tiers médiaire en ligne presque droite ou à peine échancrée au devant de l'écusson et plus prolongée que les angles ; sans rebord apparent au milieu de la base ; près d'une fois plus large à celle-ci que long sur son milieu ; convexe ; déprimé au devant de chaque sinuosité ; pointillé ou légèrement ruguleux. *Ecusson* plus large que long ; lisse ; postérieurement incliné. *Elytres* à peine plus larges en devant que le prothorax à ses angles postérieurs ; d'un cinquième environ plus longues qu'elles sont larges, prises ensemble ; un peu voilées, par les angles du prothorax, à l'angle huméral ; subparallèles jusqu'à la moitié, en ogive obtuse et à peine subsinuée, postérieurement ; à neuf stries étroites, légères, marquées de points petits, ne crénelant pas les intervalles : ces stries presque réduites en devant à des rangées striales de points ; la première postérieurement liée à la neuvième : la deuxième à la septième : la troisième à la sixième, en enclosant les quatrième et cinquième plus courtes. *Intervalles* superficiellement ou obsolètement pointillés : le troisième, six fois au moins aussi large sur le dos qu'une strie ; plans ou à peu près en devant, à peine convexes postérieurement. *Dessous du corps* superficiellement sillonné sur les côtés de l'antépectus, pointillé et ruguleux sur le ventre. *Prosternum* à deux fossettes ou creusé d'un sillon postérieurement bifurqué. *Jambes de devant* un peu arquées ; graduellement élargies depuis la base jusqu'à l'extrémité, presque aussi larges à celle-ci que la moitié de la longueur de leur arête externe ; ciliées brièvement sur l'arête interne. *Jambes intermédiaires* et *postérieures*, denticulées sur leur arête dorsale : les intermédiaires obliques ou écointées et sillonnées sur cette arête : les postérieures, sans sillon apparent.

Patrie : l'île de Crète, (collect. de Kiesenwetter).

Obs. Cette espèce est facile à distinguer à son corps ovale ; à son prothorax échancré presque en demi-cercle en devant ; fortement bissinué à la base ; à ses élytres marquées de stries légères ; à ses intervalles plans ; à son prosternum bissillonné, etc.

3. M. plicatus.

Oblong ; convexe ; d'un noir peu luisant. Tête creusée d'un sillon sur la suture frontale. Prothorax assez fortement bissinué à la base ; à rebord basilaire interrompu dans son milieu ; presque lisse ; noté au moins de six fossettes. Elytres à stries marquées de points-fossettes irréguliers. Intervalles presque lisses, superficiellement pointillés ; plus ou moins convexes ; à surface rendue inégale par les points-fossettes des stries, et crevassée par des rides transversales.

Philax plicatus. Lucas, Explor. scient. de l'Algérie (anim. articulés) p. 326, 894. (suivant les exemplaires typiques existants au muséum de Paris. — Gaubil. Catal. p. 220.

Long. 0,0123 à 0,0138 (5 1/2 à 6 1/8 l.) Larg. 0,0056 à 0,0070 (2 2/3 à 3 1/8 l.)

Corps oblong ; convexe, mais médiocrement sur le dos des élytres ; d'un noir peu luisant. *Tête* peu profondément ponctuée ; profondément sillonnée sur la suture frontale ; souvent marquée de quatre fossettes plus ou moins obsolètes sur le front. *Antennes* prolongées à peine au delà des deux cinquièmes du prothorax ; noires, avec les derniers articles moins obscurs. *Prothorax* échancré en arc, en devant ; assez fortement élargi en ligne courbe jusqu'aux trois septièmes, presque parallèle ou faiblement rétréci ensuite et souvent d'une manière un peu sinuée ; étroitement rebordé latéralement ; assez fortement sinué vers chaque cinquième externe de la base, avec les angles postérieurs dirigés en arrière et avec le tiers médiaire en ligne presque droite, échancrée dans son milieu et plus prolongée en arrière que les angles ; muni à la base d'un rebord interrompu au devant de l'échancrure médiaire ; près d'une fois plus large à la base que long sur son milieu ; convexe ; déprimé au devant de chaque sinuosité ; presque lisse ou superficiellement pointillé ; ordinairement marqué de six fossettes : trois de chaque côté de la ligne médiane presque disposées en triangle dirigé en arrière, vers le milieu de la longueur ; souvent noté de quelques autres fossettes. *Ecusson* en triangle transverse. *Elytres* à angle huméral un peu obliquement coupé, pour laisser place aux angles postérieurs du prothorax ; d'un quart ou d'un tiers plus longues qu'elles sont larges, prises ensemble ; à peine élargies ou presque parallèles jusqu'aux trois cinquièmes, en ogive obtuse et un peu sinuée postérieurement ; convexes, mais assez faiblement ou peu fortement sur le dos ; à stries paraissant imponctuées, ou plutôt marquées de points-fossettes inégaux, irréguliers. *Intervalles* presque lisses ou superficiellement et densement ponctués ; médiocrement convexes, à surface inégale, crénelée par les points-fossettes des stries et crevassée par de fortes rides transverses : les troisième, cinquième et septième assez faiblement plus saillants, au moins à leur partie postérieure. *Repli* une fois au moins plus large que l'intervalle voisin jusqu'à son arête, vers les hanches postérieures. *Dessous du corps* presque lisse sur les côtés de l'antépectus ; superficiellement pointillé et ridé sur le ventre. *Prosternum* creusé d'un sillon-fossette ou d'une fossette ordinairement assez profonde, mais parfois affaiblie. *Jambes* inermes : les antérieures, assez fortement élargies depuis la base jusqu'à l'extrémité, à peu près aussi larges à celle-ci que la moitié de leur arête externe : les intermédiaires et postérieures grêles : les intermédiaires assez fortement, les postérieures assez faiblement sillonnées sur leur arête dorsale, denticulées de chaque côté de ce sillon.

Patrie : l'Algérie, (Muséum de Paris, *type* ; collect. Chevrolat, Deyrolle, Godard).

Obs. Cette espèce est facile à distinguer par sa taille ; par sa suture frontale profondément sillonnée ; par son prothorax fortement bissinué, à sa base, muni à celle-ci d'un rebord interrompu dans son milieu ; par les intervalles de ses élytres ridés ou crevassés transversalement.

4. M. distinguendus.

Oblong ; d'un noir mat. Prothorax à deux sinuosités prononcées à la base ; déprimé, et à rebord basilaire oblitéré au devant de celles-ci ; superficiellement pointillé : souvent marqué au moins de deux fossettes. Elytres à stries à peu près réduites à des rangées striales de points. Intervalles plans, marqués de très-petits points clairsemés. Intervalle voisin du repli sans côte.

Phylax distinguendus, (Gaubil) Catal. p. 220 (*type*).
Phylax humeratus (Chevrolat) *in* litter.

Long. 0,0135 à 0,0146 (6 à 6 1/2 l.). Larg. 0,0067 (3 l.)

Corps oblong ; obtusément arqué longitudinalement ; médiocrement convexe ; d'un noir mat. *Tête* densement ponctuée sur l'épistome et sur la partie postérieure ; râpeuse sur celle-ci, parcimonieusement ponctuée et presque unie sur le front ; souvent creusée sur celui-ci, de quatre fossettes plus ou moins apparentes ou plus ou moins marquées ; sillonnée sur la suture frontale. *Antennes* à peine plus longuement prolongées que les deux cinquièmes du prothorax ; noires. *Prothorax* élargi en ligne arquée sur les côtés ; offrant vers les trois septièmes sa plus grande largeur ; sinué vers chaque cinquième externe de la base, en ligne presque droite et sensiblement ou faiblement échancrée sur le tiers médiaire de celle-ci ; rayé au devant du bord postérieur d'une ligne formant un rebord basilaire très-étroit, interrompu ou presque obsolète au devant de chaque sinuosité, qui est déprimée : médiocrement convexe ; superficiellement pointillé ; souvent marqué de deux fossettes, situées vers le milieu de sa longueur et vers chaque tiers externe de sa largeur : ces fossettes parfois nulles ou peu distinctes. *Ecusson* transverse. *Elytres* d'un tiers à peine plus longues qu'elles sont larges, prises ensemble ; un peu plus saillantes à l'angle huméral que sur les parties voisines de la base ; sensiblement élargies et en ligne légèrement courbe jusqu'aux trois cinquièmes, en ogive obtuse et à peine sinuée postérieurement ; faiblement convexes sur le dos, convexement déclives sur les côtés ; à stries très-légères, à peine marquées, à peu près réduites à des rangées striales de points : la première, moins légère ou plus marquée, surtout postérieurement. *Intervalles* plans, paraissant impointillés, mais marqués de points très-petits et clairsemés : le deuxième faiblement saillant à son extrémité postérieure, où il paraît s'unir avec le huitième : le neuvième, convexe, c'est-à-dire sans côte ou arête longitudinale. *Bord supérieur* du repli lisse et invisible en dessus peu après l'angle huméral. *Dessous du corps* presque lisse ou très-superficiellement ridé sur les côtés de l'antépectus ; pointillé et superficiellement ridé sur le ventre. *Prosternum* creusé d'une fossette, parfois obsolète. *Jambes* inermes : les antérieures, assez fortement élargies en triangle : les intermédiaires, presque parallèles, sillonnées sur leur arête dorsale et denticulées de chaque côté de ce sillon : les postérieures, denticulées vers l'extrémité de la même arête, mais offrant ordinairement à peine les traces d'un sillon.

Patrie : l'Algérie, (collect. Chevrolat, Gaubil).

5. M. montanus.

Oblong ; subparallèle ; médiocrement convexe ; d'un noir un peu luisant. Prothorax en ligne presque droite à la base, ou à peine subsinué vers chaque cinquième externe et au devant de l'écusson ; à angles postérieurs prononcés ; à rebord basilaire non interrompu. Elytres à stries ponctuées et subsulciformes. Intervalles marqués de points très-petits, superficiels et un peu râpeux ; obtusément subconvexes : les troisième, cinquième et septième, à peine plus saillants en devant, plus saillants postérieurement. Jambes postérieures sillonnées et denticulées sur la seconde moitié de leur arête dorsale.

Phylax montanus (CHEVROLAT, *in* litter.

Long. 0,0100 (4 1/2 l.) Larg. 0,0042 à 0,0045 (1 7/8 à 2 l.

PATRIE : l'Espagne, (collect. Chevrolat).

OBS. Cette espèce a beaucoup d'analogie avec la suivante. Elle en diffère, par son prothorax plus finement et superficiellement pointillé ; par ses élytres à sillons beaucoup plus faibles, ou offrant les intervalles moins élevés, plus régulièrement convexes ou moins en toit, marqués de points très-petits et superficiels, paraissant un peu râpeux, examinés à une forte loupe. Mais peut-être ces différences, observées seulement sur deux individus, ne sont-elles que des variations accidentelles.

6. **M. ulyssiponensis**, GERMAR.

Oblong ; subparallèle ; médiocrement convexe ; d'un noir peu luisant. Prothorax presque en ligne droite, ou à peine subsinuée vers chaque cinquième externe et au devant de l'écusson ; à angles postérieurs prononcés, à rebord basilaire non interrompu. Elytres à stries sulciformes et ponctuées. Intervalles ponctués : les troisième à huitième, presque également peu convexes en devant : les troisième, cinquième et septième, postérieurement plus saillants. Jambes postérieures sillonnées et denticulées vers l'extrémité de leur arête dorsale.

Phylan ulyssiponensis (HOFFMANS.); (DEJ.) Catal. (1821) p. 65.

Pedinus ulyssiponensis (ILLIG.) GERMAR, Insect. spec (1824) p. 143. 239 (suivant l'exemplaire typique). — LE PELETIER et A. SERVILLE, Encycl. méth. t. 10 (1825) p. 26. 8. — BRULLÉ. Expéd. sc. de Morée (anim. articulés). p. 205. 355.

Philax ulyssiponensis, (DEJ.) Catal. (1833) p. 192. — id. (1837) p. 212.

Phylax ulyssiponensis, (GAUBIL). Catal. p. 220 ?

Long. 0,0100 à 0,0112 (4 1/2 à 5 l.) Larg. 0,0052 à 0,0059 (2 1/3 à 2 2/3 l.)

Corps oblong ; subparallèle ; longitudinalement arqué, plus élevé vers les trois cinquièmes des élytres ; assez convexe ; d'un noir mat ou peu luisant. *Tête* couverte de points serrés ; déprimée ou plus ou moins obsolètement sillonnée sur la suture frontale. *Antennes* prolongées à peine au delà de la moitié ou des deux tiers du prothorax ; noires, avec les derniers articles moins obscurs ou graduellement fauves. *Prothorax* échancré en arc assez régulier à son bord antérieur ; élargi en ligne arquée sur les côtés ; offrant vers les trois septièmes ou parfois vers la moitié, sa plus grande largeur ; à peine ou point sinué vers les angles postérieurs ; d'un tiers environ plus large à ceux-ci qu'aux antérieurs ; en ligne presque droite, à la base, faiblement subsinuée vers chaque cinquième externe de celle-ci, et ordinairement d'une manière aussi faible au devant de l'écusson ; à rebord basilaire non interrompu ; une fois environ plus large à la base que long sur son milieu ; convexe ; couvert de points serrés, à peine moins fins que ceux de la tête. *Ecusson* plus large que long. *Elytres* un peu plus larges en devant que les angles postérieurs, qu'elles embrassent un peu de leurs angles huméraux ; d'un quart environ plus longues qu'elles sont larges, prises ensemble ; presque parallèles jusqu'aux trois cinquièmes (♂), ou à peine élargies dans leur milieu (♀), obtusément arrondies près de l'extrémité, et assez faiblement sinuées près de celle-ci ; médiocrement ou peu fortement convexes ; à stries sulciformes et ponctuées : la première ou les deux premières, ordinairement moins profondes en devant. *Intervalles* ponctués, d'une manière en général assez fine et assez serrée, quelquefois subruguleux ; un peu crénelés à la base par les points des stries : le deuxième, subterminal : les quatrième et sixième, enclosant ordinairement, d'une manière parfois peu distincte, le cinquième : les deuxième à huitième, habituellement presque également peu convexes en devant : les troisième, cinquième et septième et le sutural, graduellement plus saillants et un peu en toit à leur extrémité postérieure : les troisième et septième, postérieurement unis. *Bord supérieur du repli* invisible en dessus, après le douzième ou un peu plus de sa longueur. *Repli* d'un tiers environ plus large que l'intervalle voisin (ou du moins que la partie de celui-ci visible en dessous), vers les hanches postérieures. *Dessous du corps* ridé près des hanches de devant, marqué de points unis en sillons sur les côtés de l'antépectus; ponctué moins grossièrement et assez légèrement ridé sur le ventre. *Prosternum* largement sillonné longitudinalement sur son milieu, jusqu'à l'extrémité ; ordinairement rayé, près de chaque bord latéral, d'une ligne formant un rebord étroit. *Postépisternums* densement ponctués; arqués à leur côté interne, plus rétrécis dans leur seconde moitié ; deux fois et demie environ aussi longs qu'ils sont larges dans leur milieu. *Pieds* ponctués; cuisses ruguleuses : jambes antérieures assez fortement élargies depuis la base jusqu'à l'extrémité, souvent obtusément subfestonnées ou denticulées sur leur arête externe, parfois dilatées à la partie antérieure de cette arête en une dent plus obtuse ou arrondie chez la ♀ : jambes intermédiaires sillonnées sur presque toute la longueur de leur arête dorsale, et dentelées de chaque côté de ce sillon : jambes postérieures, sillonnées et denticulées seulement dans la seconde moitié de leur arête dorsale.

Patrie : Le Portugal, l'Espagne, (collect. Arias, Aubé, Chevrolat, Deyrolle, Germar *type*, Reiche, Schaum.); la Grèce? (Muséum de Paris).

Obs. Cette espèce offre quelques variations assez légères; ainsi, le prothorax souvent sans sinuosités sur les côtés, près des angles postérieurs, en montre parfois une légère ; ses subsinuosités basilaires quelquefois peu distinctes, sont ordinairement très-visibles, quoique faibles, et suivant leur légèreté, les angles postérieurs sont en droite ligne ou un peu dirigés en arrière à leur côté basilaire ; les stries sulciformes varient de profondeur et, par suite, les intervalles se montrent plus ou moins convexes : les troisième, cinquième et septième, sont ordinairement faiblement convexes en devant et peu différents sous ce rapport des intervalles pairs ; mais quelquefois ils offrent une inégalité un peu sensible : les quatrième et sixième s'unissent ordinairement à leur partie postérieure, en enclosant le cinquième ; mais parfois ils paraissent se rétrécir et s'oblitérer avant leur extrémité. La ponctuation du dessus du corps varie. Enfin les jambes postérieures se montrent rarement canaliculées sur presque toute leur longueur, au lieu de l'être seulement sur leur seconde moitié ou vers leur extrémité.

Le *Philax agricola* Dejean (catal. (1837) p. 213), à en juger d'après un exemplaire existant dans la collection de M. Reiche, paraît devoir constituer une espèce particulière, voisine des *M. montanus* et *ulyssiponensis* ; mais n'ayant eu sous les yeux qu'un seul individu, nous allons nous borner à indiquer les différences par lesquelles celui-ci s'éloigne de ces deux espèces. Il se distingue du *M. montanus*, par son corps plus parallèle ; par son prothorax presque en ligne droite ou à peine bissubsinuée à la base ; par ses stries des élytres plus distinctes et plus visiblement ponctuées. Il diffère du *M. ulyssiponensis*, par son prothorax et ses élytres finement pointillés ; par ses stries des élytres plus faibles. Il s'éloigne de ces deux espèces, par une taille plus petite ; par son prothorax moins arqué sur les côtés, offrant sur le dos les traces d'une ligne longitudinale médiaire raccourcie à ses extrémités ; par ses élytres plus abruptement déclives à leur extrémité ; par son prosternum proportionnellement plus élargi, aussi large près de son extrémité que l'une des hanches, plus légèrement sillonné.

Long. 0,0078 (3 1/2 l.). Larg. 0,0033 (1 1/2 l.).

Patrie : l'Espagne.

7. M. **obesus.**

Oblong ; médiocrement convexe ; d'un noir peu luisant. Prothorax presque en ligne droite à la base, ou à peine subsinué vers chaque cinquième externe et au devant de l'écusson ; à angles postérieurs prononcés ; à rebord basilaire non interrompu. Elytres à stries sulciformes et ponctuées. Intervalles assez finement ponctués, souvent ridés : les troisième, cinquième et septième, plus saillants en devant que les autres, graduellement plus saillants vers leur extrémité : les quatrième et sixième plus courts que le cinquième. Jambes postérieures sillonnées et dentelées sur presque toute leur arête dorsale.

Phylax obesus (de Brème), D. Deyrolle in litter.

Long. 0,0090 (4 l.) Larg. 0,0036 à 0,0045 (1 2/3 à 2 l.)

Patrie : l'Espagne, (collect. Aubé, Chevrolat, Deyrolle, Gaubil ; muséum de Paris).

Obs. Cette espèce a beaucoup d'analogie avec la précédente. Elle s'en distingue, par sa taille ordinairement plus petite ; par son corps moins parallèle ; par ses troisième, cinquième et septième intervalles visiblement plus saillants que les autres à leur partie antérieure, plus saillants et plus larges postérieurement, et par suite de cet élargissement, le deuxième est plus ou moins raccourci à son extrémité, et les quatrième et sixième, au lieu de se réunir postérieurement, pour enclore le cinquième, se montrent rétrécis et plus ou moins raccourcis dans leur tiers postérieur ou dans leur dernière moitié et sont visiblement plus courts que le cinquième ; par ses tibias postérieurs ordinairement dentelés et sillonnés presque sur toute leur longueur, mais ce dernier caractère souffre quelques exceptions. Les élytres parfois seulement ponctuées, sont souvent ruguleuses, rugueuses ou même un peu crevassées.

Nous avons vu dans la riche et belle collection de M. Aubé, un individu ayant le corps plus parallèle, les élytres plus superficiellement ponctuées et presque lisses, qui semblerait, par-là, constituer une espèce particulière (*M. lusorius*), mais qui n'est probablement qu'une variété de notre *M. obesus*.

8. M. bœticus.

Oblong; médiocrement convexe; noir, presque mat sur le prothorax: celui-ci obtusément arqué sur les côtés; à angles postérieurs subarrondis; en ligne presque droite, à la base; assez finement ponctué, presque réticuleux. Elytres à stries ponctuées, légères en devant, plus prononcées postérieurement. Intervalles pointillés, presque plans en devant, subconvexes postérieurement: les troisième, cinquième et septième saillants à leur extrémité. Prosternum sillonné. Jambes intermédiaires et postérieures sillonnées et denticulées sur une partie de leur arête dorsale.

Phylax bœticus, (Rambur), suivant M. Deyrolle.
Philax hispanicus, (Dejean), suivant Solier.

Long. 0,0084 à 0,0095 (3 3/4 à 4 1/4 l.). Larg. 0,0036 à 0,0048 (1 2/3 à 2 1/8 l.).

Corps oblong; médiocrement convexe; d'un noir presque mat sur le prothorax, un peu luisant sur les élytres. *Tête* densement ponctuée, presque réticuleuse sur le front; déprimée sur la suture frontale. *Antennes* prolongées à peine jusqu'aux deux tiers des côtés du prothorax; noires, parfois moins obscures vers l'extrémité ou paraissant telles, par l'effet de la pubescence des derniers articles. *Prothorax* échancré en arc assez régulier en devant; un peu obtusément arqué sur les côtés, c'est-à-dire élargi en ligne courbe jusqu'au tiers, subparallèle jusqu'aux deux tiers, puis rétréci en ligne courbe; subarrondi à ses angles postérieurs; tronqué en ligne presque droite, soit très-légèrement bissubsinuée, soit à peine arquée en devant, à la base; muni sur les côtés d'un rebord très-étroit, peu ou point saillant, muni à la base d'un rebord plus étroit ou moins apparent et non interrompu; de trois quarts environ plus large à son bord postérieur que long sur son milieu ; médiocrement convexe ; assez finement ponctué, comme la tête, souvent presque réticuleux. *Ecusson* en triangle obtus, une fois environ plus long que large ; superficiellement pointillé. *Elytres* à peine plus larges en devant que le prothorax à ses angles postérieurs ; à angle huméral peu obtus ou assez prononcé ; de deux cinquièmes environ plus longues que larges réunies ; subparallèles jusqu'aux deux tiers ; très-médiocrement convexes sur le dos, convexement déclives sur les côtés, et convexement subperpendiculaires à leur partie postérieure ; à neuf stries ponctuées (environ trente-deux points sur la quatrième) : ces stries légères ou peu profondes en devant, graduellement plus prononcées postérieurement. *Intervalles* pointillés ou superficiellement pointillés ; plans ou presque plans en devant, graduellement subconvexes : les troisième, cinquième et septième plus saillants vers leur extrémité postérieure : les troisième et septième unis et enclosant les quatrième à sixième. *Repli* offrant son bord supérieur visible à l'angle huméral et parfois un peu après celui-ci ; un peu plus large que l'intervalle voisin, vers les hanches postérieures. *Dessous du corps* marqué sur les côtés de l'antépectus de gros points un peu unis en sillons ; moins grossièrement ponctué sur les autres parties pectorales, et plus finement sur le ventre, surtout sur le milieu des troisième et quatrième arceaux. *Prosternum* peu prolongé après les hanches ; obtusément tronqué à son extrémité ; creusé sur son milieu d'un sillon ordinairement très-prononcé. *Postépisternums* densement ponctués ; arqués à leur côté interne, plus rétrécis dans leur moitié postérieure ; deux fois et demie environ aussi longs qu'ils sont larges dans leur milieu. *Pieds* ponctués ; ruguleux. *Jambes antérieures* comprimées et assez dilatées depuis la base jusqu'à l'extrémité : jambes intermédiaires et postérieures sillonnées et denticulées sur leur arête dorsale : les postérieures, seulement sur leur dernière moitié.

PATRIE : l'Espagne, (collect. Arias, Aubé, Deyrolle, de Kiesenwetter; Muséum de Paris).

OBS. Cette espèce a encore la forme des trois précédentes; mais ses élytres sont proportionnellement moins courtes; les angles postérieurs subarrondis de son prothorax, la distinguent de toutes les autres.

αα Elytres de deux cinquièmes au moins plus longues que larges prises ensemble; plus ou moins convexement déclives à leur partie postérieure (s. g. *Platyolus*).

9. M. miser.

Oblong; médiocrement convexe; noir, presque mat sur le prothorax: celui-ci, médiocrement arqué sur les côtés; en ligne presque droite ou subtrisinuée, à la base; ponctué avec tendance à une fine réticulation. Elytres à stries ponctuées, parfois réduites en devant à des rangées striales de points, prononcées postérieurement. Intervalles pointillés: le septième au moins plan ou à peu près en devant et non lié à l'angle huméral: les troisième, cinquième et septième postérieurement saillants. Jambes postérieures non sillonnées sur leur arête dorsale.

Phylax miser, (RAMBUR), suivant MM. AUBÉ et DEYROLLE.

Long. 0,0095 à 0,0100 (4 1/4 à 4 1/2 l.) Larg. 0,0042 à 0,0045 (1 7/8 à 2 l.)

Corps oblong; subparallèle; médiocrement convexe; noir, presque mat sur la tête et sur le prothorax, un peu luisant sur les élytres. *Tête* réticuleuse ou presque réticuleuse sur le front, ponctuée sur l'épistome; à peine déprimée sur la suture frontale. *Antennes* prolongées à peine jusqu'aux deux tiers des côtés du prothorax; noires, en général graduellement moins obscures dans leur seconde moitié. *Prothorax* échancré en arc assez régulier en devant; assez régulièrement arqué sur les côtés, ordinairement sans sinuosité près des angles postérieurs, quelquefois en offrant une légère; à angles postérieurs prononcés, ouverts environ à cent vingt degrés; ordinairement en ligne presque droite et subtrisinuée à la base, c'est-à-dire offrant une faible sinuosité vers chaque cinquième externe, et une autre plus ou moins faible au devant de l'écusson, quelquefois sans sinuosité bien sensible ou en ligne paraissant faiblement arquée en devant; muni sur les côtés d'un rebord assez étroit et peu tranchant; muni à la base d'un rebord très-étroit et peu ou point interrompu; de moitié plus large à son bord postérieur que long sur son milieu; médiocrement convexe; ponctué, avec tendance à une fine réticulation. *Ecusson* arqué en arrière; transverse; presque impointillé. *Elytres* creusées à la base d'une fossette pour recevoir les angles postérieurs du prothorax qu'elles embrassent à peine; offrant ordinairement au devant du troisième intervalle une dépression ou une faible échancrure plus prononcée et plus prolongée en arrière que celle de ladite fossette; à angle huméral peu émoussé; presque parallèles jusqu'aux trois cinquièmes, ou à peine élargies en ligne peu courbe jusqu'à la moitié; offrant ordinairement le bord supérieur du repli un peu visible en dessus depuis l'angle huméral jusqu'au sixième ou un peu moins de sa longueur; peu convexes sur le dos, convexement déclives sur les côtés et plus faiblement à leur partie postérieure; à stries marquées de points assez petits, très-rapprochés, ne crénelant pas les intervalles (environ trente-cinq à quarante de ces points sur la quatrième strie): ces stries faibles et parfois réduites, en devant, à des rangées striales de points, assez prononcées postérieurement. *Intervalles* pointillés, parfois même assez superficiellement : parfois tous plans en devant, quelquefois le cinquième subconvexe ou un peu en toit : le septième, non lié en devant à l'angle huméral par une saillie oblique : les sutural, troisième, cinquième et septième postérieurement saillants, soit obtus, soit en toit : le troisième uni au septième. *Dessous du corps* réticuleusement ponctué sur les côtés de l'antépectus; presque aussi grossièrement ponctué sur les côtés du ventre que sur ceux des médi et postpectus. *Prosternum* creusé sur son milieu d'un sillon prononcé prolongé jusqu'à son extrémité ; obtusément tronqué à celle-ci. *Postépisternums* arqués à leur côté interne, plus rétrécis postérieurement ; deux fois et demie aussi longs que larges dans leur milieu. *Pieds* ponctués ; rugueux. *Jambes postérieures* comprimées et assez dilatées depuis la base jusqu'à l'extrémité : jambes intermédiaires plus ou moins sillonnées sur leur arête dorsale ; les postérieures ordinairement sans traces de sillon.

PATRIE : l'Espagne et le Portugal, (collect. Aubé, Deyrolle, Gaubil).

OBS. Cette espèce offre quelque légères variations. Ainsi, le prothorax ordinairement sans sinuosités près des angles postérieurs, en offre parfois une légère ; habituellement subtrisinué à la base, il se montre quelquefois en ligne non sinueuse et légèrement arquée en devant ; les intervalles des stries des élytres parfois plans en devant, offrent d'autres fois, en partie, une convexité plus ou moins faible, principalement sur le cinquième et plus faiblement sur les sixième et septième. Malgré ces variations, cette espèce se distingue des *M. montanus, ulyssiponensis, obesus* et *bœticus*, par ses élytres moins rapprochées de la perpendiculaire à leur partie postérieure et par d'autres caractères ; du *M. bœticus* par les angles postérieurs de son prothorax prononcés ; elle s'éloigne des *M. melancholichus*, *semi-striatus, furvus* et *subcylindricus*, par le septième intervalle des élytres non en toit ou en arête sur toute sa longueur ; du *M. Heeri*, par les troisième, cinquième et septième intervalles non chargés de petites aspérités à leur partie postérieure ; du *M. gibbulus*, par son corps moins large ; par son prothorax plus faiblement bissinué à la base ; à angles postérieurs moins sensiblement dirigés en arrière ; offrant en dessus plus de tendance à la réticulation ; par ses élytres offrant à la base, au devant du troisième intervalle, une dépression ou faible échancrure plus prononcée que celle de la fossette juxta-humérale ; à bord supérieur du repli moins dilaté et moins visible depuis l'épaule jusqu'au sixième de la longueur ; à septième intervalle ordinairement presque plan ou à peine convexe, et dans tous les cas non lié à l'angle huméral par une petite saillie oblique.

Nous avons vu dans la riche collection de M. Deyrolle, sous le nom de *Phylax punctato-striatus*, un individu d'une taille un peu plus avantageuse, ayant le corps plus parallèle, un peu moins convexe ; offrant le bord postérieur du prothorax en ligne non sinuée, presque droite ou plutôt un peu arquée en devant ; mais cet exemplaire présente d'ailleurs si peu de caractères distinctifs du *M. miser*, que peut-être se rattache-t-il à cette espèce.

10. M. Heeri.

Oblong ; très-médiocrement convexe ; noir, presque mat sur le prothorax : celui-ci arqué sur les côtés ; en ligne presque droite ou subtrisinuée, à la base ; presque réticuleusement ponctué. Elytres à stries ponctuées, faibles en devant, plus prononcées postérieurement. Intervalles pointillés : le septième presque plan en devant et non lié à l'angle huméral par une courte saillie oblique : les troisième, cinquième et septième, saillants et en toit, postérieurement chargés, sur leur arête, de petites aspérités ou points saillants.

Long. 0,0100 à 0,0112 (4 1/2 à 5 l.) Larg. 0,0036 à 0,0045 (1 2/3 à 2 l.)

Corps oblong ou suballongé ; subparallèle ; très-médiocrement convexe ; noir, presque mat sur le prothorax, un peu luisant sur les élytres. *Tête* presque réticuleuse sur le front, ponctuée sur l'épistome ; ordinairement un peu déprimée sur la suture frontale. *Antennes* prolongées environ jusqu'aux trois quarts des côtés du prothorax ; ordinairement noires à la base, graduellement d'un brun fauve à l'extrémité. *Prothorax* échancré en arc légèrement bissubsinué en devant ; assez régulièrement élargi en arc, sur les côtés, et sans sinuosité près des angles postérieurs ; à angles postérieurs prononcés, ouverts à environ cent quinze degrés ; en ligne presque droite, très-faiblement bi ou trisinuée, à la base, c'est-à-dire offrant une faible sinuosité vers chaque cinquième externe de celle-ci, et une autre plus ou moins faible au devant de l'écusson ; muni sur les côtés d'un rebord assez étroit, uniforme et saillant ; muni à la base d'un rebord très-étroit, peu apparent, à peine ou non interrompu dans son milieu ; de moitié plus large à son bord postérieur que long sur son milieu ; médiocrement convexe ; ponctué avec tendance à la réticulation sur le dos, réticuleux ou presque réticuleux près des côtés. *Ecusson* arqué en arrière ; transverse ; presque impointillé. *Elytres* à angle huméral émoussé ou peu émoussé ; presque parallèles jusqu'aux trois cinquièmes, ou à peine élargies en ligne peu courbe jusqu'à la moitié ; offrant ordinairement le bord supérieur du repli faiblement visible depuis l'angle huméral jusqu'au septième environ de sa longueur ; peu ou très-peu convexes sur le dos, convexement déclives sur les côtés et plus faiblement à leur partie postérieure ; à stries marquées de points assez petits, séparés par un espace presque égal à leur diamètre : ces points, ne crénelant pas les intervalles (environ trente-six à quarante sur la quatrième strie) : ces stries faibles et en partie presque réduites en devant à des rangées striales de points, assez prononcées postérieurement. *Intervalles* finement ponctués : ordinairement plans ou presque plans en devant : les cinquième et septième faiblement subconvexes ou à peine subtectiformes : le septième, non lié en devant à l'angle huméral par une saillie courte et oblique : les troisième, cinquième, septième et ordinairement neuvième, postérieurement saillants, et chargés de grains ou de petites aspérités : les troisième et septième unis à leur extrémité et plus sensiblement en toit que le cinquième. *Dessous du corps* finement sillonné sur les côtés de l'antépectus, plus finement ponctué sur le ventre que sur les côtés du médipectus. *Prosternum* obtusément tronqué postérieurement; creusé d'un sillon longitudinal prolongé presque jusqu'à l'extrémité. *Postépisternums* couverts de points contigus; arqués à leur côté interne, plus rétrécis postérieurement; deux fois et demie aussi longs qu'ils sont larges dans leur milieu. *Pieds* ponctués; ruguleux. *Jambes antérieures* comprimées, graduellement et médiocrement élargies depuis la base jusqu'à l'extrémité: jambes intermédiaires un peu sillonnées sur l'arête dorsale: les postérieures non sillonnées ou n'offrant que de faibles traces de sillons.

Patrie: les parties méridionales de l'Espagne, (collect. Chevrolat, Heer).

Nous avons dédié cette espèce au savant naturaliste M. Heer, de Zurich, très connu par sa *Fauna helvetica* et plus célèbre peut-être encore par ses travaux sur les insectes fossiles, qui semblent, depuis quelque temps, être l'objet spécial de ses études.

Obs. Elle se distingue de toutes les espèces voisines par ses intervalles impairs chargés, vers leur extrémité, de petites aspérités.

Solier à qui nous avions, dans le temps, communiqué cet insecte, nous l'avait renvoyé avec le nom de *Ph. punctato-striatus*, ou comme se rattachant peut-être à son *Ph. Dejeanii* (notre *M. furvus*).

11. **M. gibbulus**, Motschoulsky.

Oblong; médiocrement convexe; noir; peu luisant sur le prothorax: celui-ci, élargi en ligne courbe jusqu'à la moitié, peu rétréci ensuite presque en ligne droite; à peine trisinué à la base; ponctué avec tendance à la réticulation près des côtés. Elytres à stries ponctuées, faibles en devant, prononcées postérieurement. Intervalles pointillés; subruguleux: les troisième, cinquième et septième faiblement plus saillants en devant, en toit ou en arête assez vive postérieurement: le septième lié par une saillie oblique, plus ou moins marquée, à l'angle huméral. Jambes postérieures non sillonnées.

Pandarus gibbulus, V. de MOTSCHOULSKY, Coléop. reçus d'un voy. de M HANDSCUCH, etc. *in* Bulletin de la Soc. imp. des Nat. de Mosc. (1849), n° 3, p. 124-139 (suivant l'exemplaire typique).

Long. 0,0090 à 0,0112 (4 à 5 l.) Larg. 0,0045 à 0,0051 (2 à 2 1/4 l.)

Corps oblong; subparallèle; médiocrement convexe; d'un noir un peu luisant. *Tête* ponctuée; presque réticuleuse sur le front; à peine ou non déprimée sur la suture frontale : cette suture ordinairement distincte. *Antennes* prolongées au moins jusqu'aux trois quarts ou quatre cinquièmes des côtés du prothorax; noires, avec les derniers articles d'un brun fauve ou d'un fauve brun. *Prothorax* échancré en arc assez régulier en devant; arqué sur les côtés, c'est-à-dire élargi en ligne courbe jusqu'aux trois septièmes ou presque à la moitié, et rétréci ensuite en ligne moins courbe ou presque droite, et non ou peu sensiblement sinuée près des angles postérieurs; très-faiblement en arc bissinué et dirigé en arrière, à la base, avec les angles presque rectangulairement ouverts et la partie médiaire un peu plus prolongée en arrière que les angles; muni sur les côtés d'un rebord un peu saillant et à la base d'un rebord étroit et peu apparent; de trois quarts plus large à son bord postérieur que long sur son milieu; médiocrement convexe; ponctué, presque réticuleux entre le disque et les côtés. *Ecusson* transverse. *Elytres* élargies en ligne un peu courbe jusqu'au douzième de leur longueur, subparallèles ensuite jusqu'aux trois cinquièmes, puis rétrécies d'une manière subsinuée, avec l'extrémité obtusément arrondie; offrant le bord du repli visible en dessus environ jusqu'au douzième de leur longueur; médiocrement ou très-médiocrement convexes; à stries plus profondes postérieurement qu'en devant, marquées de points séparés par un espace égal à leur diamètre (40 points au moins sur la quatrième). *Intervalles* un peu crénelés par les points des stries; peu finement et peu densement ponctués; un peu ruguleux : le cinquième, et surtout le septième, très-faiblement saillants en devant : les autres presque plans : le septième lié, à la partie antérieure, à l'angle huméral par une saillie courte et oblique : les sutural, troisième, cinquième et septième plus saillants et en toit postérieurement : le troisième uni ou à peu près au neuvième, à son extrémité. *Repli* un peu plus large que l'intervalle voisin, vers les hanches postérieures. *Dessous du corps* ridé sur les côtés de l'antépectus, ponctué sur le reste. *Prosternum* en ogive obtuse à son extrémité ; rayé d'un sillon médiaire et d'une ligne juxta-marginale. *Postépisternums* densement ponctués, presque parallèles dans leur première moitié, rétrécis en ligne courbe, dans la seconde ; près de trois fois aussi longs qu'ils sont larges dans leur milieu. *Pieds* ponctués ; ruguleux. *Jambes antérieures* comprimées et médiocrement élargies depuis la base jusqu'à l'extrémité : jambes intermédiaires offrant les traces d'un sillon vers l'extrémité de leur arête dorsale : jambes postérieures non sillonnées.

♂. *Jambes* de devant un peu arquées, moins dilatées, terminées par un faible talon ; garnies en dessous de poils spinosules. *Tarses* garnis en dessous de poils roussâtres et raides.

Patrie : les parties méridionales de l'Espagne, (collect. de Kiesenweter, de Mannerheim, de Motschoulsky *type*, Schaum).

Obs. Cette espèce diffère des deux espèces précédentes par sa taille plus avantageuse, par le bord supérieur du repli plus sensiblement arqué jusqu'au sixième de la longueur et plus visible en dessus ; par le septième intervalle des élytres lié en devant à l'angle huméral ; elle s'éloigne des espèces suivantes par ce septième intervalle non en forme d'arête ou de toit prononcé sur toute sa longueur. Elle se distingue surtout du *M. subcylindricus* dont M. de Motschoulsky était tenté de la considérer comme une variété sexuelle, par son prothorax plus régulièrement échancré en arc dirigé en arrière et non bissubsinué, à son bord antérieur ; par le même segment moins arqué sur les côtés et non sinué près des angles postérieurs ; n'offrant pas ces angles rectangulairement ouverts ; par ses élytres offrant la quatrième strie aboutissant au point le plus avancé de la sinuosité basilaire du prothorax ou à un point plus interne ; par ses intervalles alternes un peu moins saillants postérieurement ; par son corps proportionellement plus large ; par ses jambes de devant sensiblement arquées chez le ♂.

L'insecte dont M. de Motschoulsky a donné une courte description paraît un ♂, et ne saurait, par conséquent, être la ♀ de son *Pandarus subcylindricus*, comme il était tenté de le soupçonner.

12. **M. melancholicus.**

Oblong ou suballongé ; très-médiocrement convexe ; noir, presque mat, surtout sur le prothorax : celui-ci arqué sur les côtés et sinué près des angles ; bissinuë, au moins, à la base ; ponctué, presque finement réticuleux. Elytres à stries marquées de points assez gros (environ 32 sur la quatrième) ; plus prononcées postérieurement. Intervalles ponctués ; subruguleux : les troisième et cinquième, subconvexes et peu saillants en devant, en toit postérieurement : le septième, en arête sur toute sa longueur, et uni en devant à l'angle huméral par une saillie oblique. Jambes intermédiaires et postérieures sillonnées sur leur arête dorsale.

Long. 0,0135 (6 l.). Larg. 0,0056 (2 1/2 l.).

Corps oblong ou suballongé; très-médiocrement convexe ; noir, presqne mat, surtout sur le prothorax. *Tête* densement ponctuée, offrant sur le front quelque tendance à la réticulation; un peu déprimée sur la suture frontale. *Antennes* prolongées jusqu'aux deux tiers ou trois quarts des côtés du prothorax ; noires, graduellement moins obscures vers l'extrémité. *Prothorax* échancré en arc assez régulier, en devant, à peine déprimé derrière chaque œil ; arqué sur les côtés, c'est-à-dire élargi en ligne courbe jusqu'à la moitié ou un peu plus, rétréci ensuite, d'une manière sinuée au devant des angles postérieurs, qui, par là, sont presque rectangulaires ou peu ouverts ; assez faiblement bissinué à la base, avec les angles très-faiblement dirigés en arrière, et la partie médiaire au moins aussi prolongée que les angles ; parfois subsinué au devant de l'écusson ; muni sur les côtés d'un rebord un peu saillant ; muni à la base d'un rebord très étroit, peu ou point interrompu ; de deux tiers environ plus large à la base que long sur son milieu ; médiocrement convexe ; densement ponctué sur le dos, avec tendance à la réticulation entre celui-ci et les côtés. *Ecusson* en arc dirigé en arrière ; transverse ; ruguleusement ponctué. *Elytres* un peu plus larges en devant que le prothorax à ses angles postérieurs ; creusées à la base d'une fossette, pour recevoir ces angles ; un peu élargies jusque vers la moitié de leur longueur, et plus sensiblement depuis l'angle huméral jusqu'au septième ou sixième de la longueur, espace sur lequel le bord supérieur du repli est visible ; très-médiocrement convexes, c'est-à-dire peu convexes sur le dos, convexement déclives sur les côtés, et un peu moins à leur partie postérieure ; à stries marquées d'assez gros points, séparés les uns des autres sur la première moitié par un espace presque double de leur diamètre : ces points crénelant un peu les intervalles (environ trente-deux de ces points sur la quatrième strie) : ces stries moins profondes en devant que postérieurement. *Intervalles* densement et ruguleusement ponctués ; médiocrement ou assez faiblement convexes en devant, en partie au moins en toit postérieurement : le septième en toit ou en arête sur toute sa longueur, uni en devant au neuvième, et lié à l'angle huméral par une saillie courte et oblique : les sutural, troisième, cinquième et septième graduellement plus saillants postérieurement : le troisième, uni au septième à son extrémité. *Dessous du corps* marqué sur les côtés de l'antépectus de gros points presque unis en sillons ;

ponctué moins grossièrement sur les côtés de la poitrine et du ventre, ridé sur ces derniers. *Prosternum* creusé d'un sillon longitudinal profond. *Postépisternums* densement ponctués; un peu arqués à leur côté interne, presque parallèles dans leur première moitié, rétrécis dans la seconde. *Pieds* ponctués ; ruguleux. *Jambes antérieures* médiocrement élargies : les intermédiaires et même postérieures sillonnées sur presque toute leur longueur.

Patrie : Tanger, (collect. Chevrolat).

Obs. Cette espèce s'éloigne des *M. miser, Heeri, gibbulus*, par le septième intervalle de ses élytres en forme d'arête sur toute sa longueur; du *semi-costatus*, par les intervalles cinquième, sixième et huitième non en forme d'arête; des *furvus* et *longulus*, par son prothorax sinué sur les côtés, moins près des angles postérieurs: du premier de ceux-ci, par son prothorax réticuleux en dessus; du *subcylindricus*, par ses premiers intervalles et surtout les troisième et cinquième non en forme d'arête ou de toit prononcé en devant; de toutes ces espèces, par une taille plus avantageuse; par ses stries des élytres marquées de points plus gros ou moins nombreux ; par ses intervalles couverts de points plus épais, moins petits, plus rugueux , et surtout par ses jambes postérieures sillonnées presque sur toute leur longueur.

13. M. semi-costatus.

Suballongé ; assez faiblement convexe ; d'un noir luisant. Prothorax élargi un peu en arc sur les côtés , presque parallèle sur son dernier tiers ; bissinué à la base, avec les angles un peu dirigés en arrière ; densement ponctué. Elytres à stries ponctuées : les trois premières, médiocres sur leurs deux tiers antérieurs : les cinquième à huitième, sulciformes. Intervalles ponctués : les quatre premiers peu convexes jusqu'aux deux tiers : les autres en forme de tranche sur toute leur longueur : les troisième, cinquième et septième postérieurement plus saillants : le septième lié à l'angle huméral par une saillie oblique. Jambes postérieures non sillonnées sur l'arête dorsale.

Phylax semi-costatus, (Chevrolat), *in litter.*

Long. 0,0100 à 0,0125 (4 1/2 à 5 1/2 l.). Larg. 0,0045 à 0,0056 (2 à 2 1/2 l.).

Corps suballongé; assez faiblement ou très-médiocrement convexe ; d'un noir luisant. *Tête* densement ponctuée, et d'une manière un peu plus fine sur l'épistome que sur le front; n'offrant pas ordinairement de traces de la suture frontale. *Antennes* prolongées à peine jusqu'aux trois quarts des côtés du prothorax; ordinairement noires, avec le dernier article revêtu d'une pubescence cendrée dans sa dernière moitié. *Prothorax* échancré en arc à peu près régulier, en devant; élargi en arc médiocre sur les côtés , c'est-à-dire élargi en ligne courbe jusqu'à la moitié, plus ou moins, puis plus faiblement rétréci en ligne soit presque droite, soit à peine subsinuée près des angles postérieurs; bissinué à la base, c'est-à-dire offrant à celle-ci une entaille ou sinuosité très-sensible vers chaque cinquième externe, avec les angles postérieurs un peu dirigés en arrière, et la partie intermédiaire obtusément tronquée et ordinairement faiblement échancrée au devant de l'écusson; muni sur les côtés d'un rebord un peu épais et saillant; muni à la base d'un rebord très-étroit, parfois interrompu ou presque interrompu dans son milieu; de deux tiers plus large à la base que long sur son milieu ; très-médiocrement convexe ; densement et parfois un peu ruguleusement ponctué, non réticuleux. *Ecusson* en triangle une fois au moins plus large que long; ponctué. *Elytres* paraissant un peu obliquement coupées sur les côtés de leur base, à partir de la cinquième strie, pour faire place aux angles du prothorax; subparallèles jusqu'aux trois cinquièmes ; peu convexes sur le dos, convexement déclives sur les côtés, et moins fortement sur leur partie postérieure, à partir des deux tiers; à neuf stries marquées de points très-rapprochés, crénelant un peu les intervalles: les quatre plus voisines de la suture, médiocres et paraissant un peu moins grossièrement ponctuées (environ vingt-deux de ces points sur la moitié antérieure de la quatrième strie: les suivants peu distincts): les cinquième à huitième, sulciformes. *Intervalles* marqués de points épais, très-médiocres ou assez petits, ordinairement très-apparents sur les quatre premiers intervalles, plus superficiels et moins distincts sur les autres: le sutural et les trois suivants peu convexes jusqu'aux trois cinquièmes: les cinquième à neuvième en forme de tranches ou d'arêtes comprimées, sur toute leur longueur: les troisième, cinquième et septième, postérieurement plus saillants que les autres: les troisième et septième, postérieurement unis, en enclosant les quatrième à sixième: le cinquième plus court: le septième lié en devant à l'angle huméral par une courte saillie oblique. *Repli* offrant son bord supérieur un peu dilaté en arc très-léger depuis l'angle huméral jusqu'au sixième ou au cinquième de la longueur, et généralement un peu visible, quand l'insecte est examiné perpendiculairement en dessus; une fois au moins plus large, vers les hanches postérieures, que l'intervalle voisin; ponctué. *Dessous du corps* marqué sur les côtés de l'antépectus de points assez gros, presque unis en sillons; ruguleusement ponctué sur le reste. *Prosternum* obtusément tronqué à sa partie postérieure; souvent sans traces de sillon, parfois obsolètement ou faiblement sillonné. *Postépisternums* densement et ruguleusement ponctués; près de trois fois aussi longs que larges dans leur milieu; rétrécis postérieurement à partir de celui-ci. *Pieds* ponctués. *Cuisses* subruguleuses. *Jambes antérieures* médiocrement élargies: les autres plus étroites: les intermédiaires offrant d'assez faibles traces d'un sillon sur leur arête dorsale, et légèrement denticulées de chaque côté de celui-ci: les postérieures, sans traces de sillon et de dentelures.

PATRIE : l'île Majorque, l'Espagne méridionale, l'Algérie, (collect. Chevrolat, Reiche).

OBS. Cette espèce est facile à distinguer des autres, par ses cinquième à neuvième stries sulciformes et ses cinquième à neuvième intervalles en forme d'arêtes ou plutôt de tranches.

14 M. **furvus**.

Oblong ; assez faiblement convexe ; noir, peu luisant sur le prothorax : celui-ci arqué sur les côtés ; à angles postérieurs ouverts environ à cent vingt degrés ; en ligne presque droite ou à peine trisinuée à la base ; réticuleusement ponctué. Elytres à stries ponctuées, plus prononcées postérieurement. Intervalles assez finement ponctués : les quatre premiers presque plans ou peu convexes en devant : le cinquième en toit : le septième plus sensiblement en toit ou en arête sur toute sa longueur, non lié en devant à l'angle sutural par une saillie oblique : les troisième, cinquième et septième en toit et plus saillants postérieurement.

Long. 0,0090 à 0,0112 (4 à 5 l.) Larg. 0,0036 à 0,0045 (1 2/3 à 2 l.)

Corps oblong; assez faiblement ou très-médiocrement convexe; noir, presque mat sur la tête et sur le prothorax, luisant sur les élytres. *Tête* réticuleuse sur le front, ponctuée sur l'épistome; ordinairement assez déprimée sur la suture frontale. *Antennes* prolongées jusqu'aux trois quarts (♀) ou presque jusqu'à la partie postérieure (♂) des côtés du prothorax; noires, graduellement d'un brun fauve ou d'un fauve brun à l'extrémité. *Prothorax* bissubsinué en devant, quand l'insecte est vu perpendiculairement en dessus, c'est-à-dire offrant derrière les yeux une dépression et sinuosité marquées; élargi en ligne un peu courbe jusqu'aux trois cinquièmes, sinueusement rétréci à partir de ce point jusqu'aux angles postérieurs : ceux-ci ouverts environ à cent vingt degrés; faiblement bissinué à la base, c'est-à-dire sinué vers chaque sixième externe de celle-ci, offrant les angles postérieurs un peu dirigés en arrière, et la partie intermédiaire à peine aussi prolongée que ces angles; muni sur les côtés d'un rebord étroit et peu saillant; muni à la base d'un rebord plus étroit et non interrompu dans son milieu; de deux tiers plus large à son bord postérieur que long sur son milieu; très-médiocrement convexe; réticuleusement ponctué, surtout entre le dos et les côtés. *Ecusson* transverse; finement ponctué. *Elytres* subparallèles jusqu'aux trois cinquièmes, plus larges un peu après les épaules que vers la moitié (♂), un peu plus larges à celle-ci qu'après les épaules (♀); offrant le bord supérieur du repli, visible en dessus, en arc très-faible et longitudinal, depuis l'angle huméral jusqu'au sixième environ de sa longueur; peu convexes sur le dos, convexement déclives sur les côtés et plus faiblement à leur partie postérieure; à stries plus profondes postérieurement qu'en devant; marquées de points qui se touchent presque (environ quarante-deux ou quarante-quatre sur la quatrième: les derniers peu distincts). *Intervalles* un peu crénelés par les points des stries; assez finement ponctués, un peu subruguleux: tous au moins un peu convexes en devant: les troisième et cinquième, plus sensiblement en toit: le septième, en arête sur toute sa longueur, ne paraissant pas lié en devant à l'angle huméral, mais uni au neuvième: tous en toit postérieurement: les sutural et surtout troisième, cinquième et septième, plus saillants: le troisième, uni au septième. *Repli* un peu plus large, vers les hanches postérieures, que la partie visible en dessous de l'intervalle voisin. *Dessous du corps* à sillons ponctués ou marqués de gros points unis en sillons sur les côtés de l'antépectus, densement ponctué sur le reste et un peu moins finement sur les médi et postpectus que sur les côtés du ventre, ridé sur ceux-ci. *Prosternum* obtusément tronqué à son extrémité; longitudinalement sillonné. *Postépisternums* densement ponctués; subparallèles dans leur première moitié, rétrécis en ligne courbe dans la seconde; trois fois environ aussi longs qu'ils sont larges dans leur milieu. *Pieds* ponctués; ruguleux. *Jambes antérieures* médiocrement élargies ; un peu arquées chez le ♂ : les intermédiaires et postérieures, offrant vers l'extrémité de leur arête dorsale les faibles traces d'un sillon.

Patrie : l'Espagne , (collect. Aubé , Chevrolat , Deyrolle , Reiche, Schaum).

Obs. Cette espèce porte généralement dans les collections les nom de *Phylax striatus*, Solier. Nous ne savons si ce naturaliste en avait changé la dénomination; mais, peu de temps avant sa mort, il nous avait renvoyé sous le nom de *Ph. Dejeanii*, des individus soumis à son examen. Quoi qu'il en soit, nous aurions adopté l'épithète de *striatus*, comme étant la plus connue, si déjà elle n'avait été appliquée à un autre Parvilabre.

15. M. **subcylindricus** ; Motschoulsky.

Suballongé ; très-médiocrement convexe ; noir, presque mat sur le prothorax : celui-ci arqué sur les quatre cinquièmes ou un peu plus de ses côtés, subparallèle ensuite ; à angles postérieurs rectangulairement ouverts ; assez faiblement bissinué à la base ; presque réticuleusement ponctué. Elytres à stries ponctuées, plus profondes postérieurement. Intervalles finement ponctués , ruguleux : les six premiers assez convexes en devant : le cinquième un peu plus saillant dès la base : le septième, en arête sur toute sa longueur : les troisième, cinquième et septième, plus saillants, en arête postérieurement : le septième, uni en devant au neuvième, et lié à l'angle huméral.

Pandarus subcylindricus V. de Motschoulsky, Coléopt. d'un Voy. de M. Handschuh, etc. in Bullet. de la Soc. des Natur de Moscou (1849), n. 3, p. 125, (suivant l'exemplaire typique communiqué par l'auteur.)

Long. 0,0090 à 0,0100 (4 à 4 1/2 l.). Larg. 0,0033 à 0,0042 (1 1/2 à 1 7/8 l.).

Corps suballongé; très-médiocrement convexe; noir, presque mat sur la tête et sur le prothorax, luisant sur les élytres.

Tête réticuleusement ponctuée sur le front, ponctuée sur l'épistome; déprimée sur la suture frontale. *Antennes* prolongées jusqu'aux trois quarts (♀) ou un peu plus (♂) des côtés du prothorax; noires, graduellement d'un brun fauve ou d'un fauve brunâtre, à l'extrémité. *Prothorax* échancré en arc presque régulier, en devant, paraissant à peine déprimé derrière chaque œil, quand l'insecte est vu perpendiculairement en dessus; arqué sur les cinq sixièmes de ses côtés, subparallèle ensuite; offrant, par là, les angles postérieurs rectangulairement ouverts; faiblement bissinué à la base, c'est-à-dire sinué vers chaque sixième externe de celle-ci, avec la partie médiaire à peine plus prolongée en arrière que les angles; muni sur les côtés d'un rebord étroit, à peine saillant; muni à la base d'un rebord très-étroit et non interrompu; d'un tiers au moins plus large à la base que long sur son milieu; presque réticuleusement ponctué, au moins entre le dos et les côtés. *Ecusson* en triangle ou presque en arc transverse; ponctué. *Elytres* subparallèles jusqu'aux trois cinquièmes, un peu élargies après les épaules, offrant le bord supérieur du repli plus ou moins apparent jusqu'au sixième de sa longueur; presque planes sur le dos, convexement déclives sur les côtés et plus faiblement à leur partie postérieure; à stries assez profondes en devant, plus profondes postérieurement, marquées de points rapprochés (environ trente-six à quarante sur la quatrième strie: les derniers peu distincts). *Intervalles* un peu crénelés par les points des stries; finement et un peu densement ponctués, ruguleux : les deuxième à sixième, et surtout les troisième et cinquième, sensiblement convexes en devant: le septième, en arête sur toute sa longueur, uni à sa partie antérieure au neuvième et lié à l'angle huméral: tous, plus ou moins en arête postérieurement : les troisième, cinquième et septième, plus saillants. *Dessous du corps* grossièrement et presque réticuleusement ponctué, ou marqué de points presque unis en sillons, sur les côtés de l'antépectus; ponctué moins grossièrement sur les autres parties pectorales, et surtout sur le ventre. *Prosternum* creusé d'un sillon longitudinal prolongé presque jusqu'à l'extrémité. *Postépisternums* densement ponctués; subparallèles jusqu'à la moitié ou plus, rétrécis ensuite en ligne courbe. *Pieds* ponctués: ruguleux. *Jambes antérieures* médiocrement dilatées : les intermédiaires et postérieures offrant à peine ou n'offrant pas des traces de sillons sur leur arête dorsale.

Patrie : l'Espagne, (collect. Deyrolle, V. de Motschoulsky *type*, Reiche, Schaum).

Obs. Cette espèce se distingue des *M. miser*, *Heeri*, *gibbulus*, par ses stries prononcées, même en devant; par le septième intervalle des élytres en arête sur toute sa longueur; du *semicostatus*, par ses cinquième à huitième intervalles non en forme de tranche; du *melancholichus*, par ses jambes intermédiaires et postérieures non sillonnées sur la majeure partie de leur arête dorsale; du *furvus*, par son prothorax sinué près des angles postérieurs, et offrant ceux-ci rectangulairement ouverts; du *longulus*, par son corps proportionnellement plus large, moins parallèle; par son prothorax offrant vers la moitié sa plus grande largeur, plus densement et presque ou à peu près réticuleusement ponctué, à angles postérieurs plus rectangulairement ouverts; par les intervalles des élytres densement et ruguleusement ponctués; par le septième, distinctement en forme d'arête sur toute sa longueur et lié à l'angle huméral; par ses cuisses postérieures glabres en dessous chez le ♂.

16. M. **longulus**.

Suballongé, subparallèle; très-médiocrement convexe; noir, plus luisant sur les élytres. Prothorax bissubsinué en devant; arqué sur les côtés, offrant vers les deux cinquièmes sa plus grande largeur, sinué près des angles postérieurs : ceux-ci, presque rectangulairement ouverts; à peine bissinué à la base; non réticuleusement ponctué. Elytres à stries ponctuées, plus profondes postérieurement. Intervalles finement ponctués : les cinquième et septième assez faiblement en toit en devant : les autres très-médiocrement convexes : la plupart en arête postérieurement : les troisième, cinquième et septième, plus saillants : le septième à peine lié à l'angle huméral. Jambes postérieures non sillonnées sur l'arête dorsale.

Long. 0,0100 (4 1/2 l.). Larg. 0,0033 à 0,0035 (1 1/2 à 1 3/5 l.).

Corps suballongé, presque parallèle ; très-médiocrement convexe ; noir, plus luisant sur les élytres que sur la tête et sur le prothorax. *Tête* ponctuée, moins densement sur le front que sur l'épistome ; déprimée sur la suture frontale. *Antennes* prolongées jusqu'aux trois quarts ou un peu plus des côtés du prothorax ; noires, graduellement moins obscures à l'extrémité. *Prothorax* échancré d'une manière bissinuée en devant, quand l'insecte est vu perpendiculairement en dessus ; arqué sur les côtés, c'est-à-dire élargi en ligne courbe jusqu'aux deux cinquièmes, rétréci ensuite et d'une manière sinuée au devant des angles postérieurs, qui, par là, sont rectangulairement ou presque rectangulairement ouverts ; à peine plus large à ceux-ci qu'aux antérieurs ; en ligne tantôt presque droite, tantôt très-faiblement arquée en devant, à la base, en offrant, vers chaque sixième externe, une très-faible sinuosité ; muni sur les côtés d'un rebord à peine saillant ; muni à la base d'un rebord plus étroit et non interrompu, mais aussi apparent ; d'un tiers environ plus large à sa base que long sur son milieu ; plus large (♂) ou à peine aussi large (♀) que les élytres, examiné, comme celles-ci, dans leur diamètre transversal le plus grand ; très-médiocrement convexe ; ponctué, d'une manière ordinairement plus serrée chez la ♀ que chez le ♂, non réticuleux, ou n'offrant que près des côtés une faible tendance à la réticulation. *Ecusson* transverse. *Elytres* subparallèles jusqu'aux trois cinquièmes (♂), un peu élargies depuis l'angle huméral jusqu'au dixième de leur longueur (♀) ; n'offrant pas le bord supérieur du repli visible après cet angle ; très-faiblement convexes sur le dos, convexement déclives sur les côtés et plus faiblement à leur partie postérieure ; à stries ponctuées, très-prononcées en devant, plus profondes postérieurement, marquées de points généralement assez rapprochés (environ 32 sur la quatrième). *Intervalles* un peu crénelés par les points des stries ; pointillés et subruguleux (♀), ordinairement superficiellement pointillés et presque lisses sur le dos (♂) : les deuxième à septième médiocrement convexes en devant : le cinquième un peu plus fortement : le septième, plus sensiblement en toit ou en arête, à peine lié à l'angle huméral : les troisième, cinquième et septième, plus visiblement en arête et plus saillants postérieurement. *Dessous du corps* marqué, sur les côtés de l'antépectus, de gros points unis ou presque unis en sillons ; moins grossièrement ponctué sur le reste, mais plus densement sur la poitrine que sur le ventre. *Prosternum* sillonné. *Postépisternums* densement ponctués (♀), offrant souvent chez le ♂ un espace marqué de points moins épais et séparés par des intervalles lisses. *Pieds* ponctués ; ruguleux. *Cuisses antérieures* faiblement renflées et plus sensiblement chez le ♂. *Jambes de devant* médiocrement dilatées : les intermédiaires non sillonnées ou n'offrant que de faibles traces de sillons sur l'arête dorsale.

PATRIE : l'Espagne, (collect. Aubé, Chevrolat, Deyrolle, Reiche).

♂. *Prothorax* plus arqué sur les côtés, plus large vers les deux cinquièmes de sa longueur que les élytres après l'angle huméral. *Cuisses postérieures* garnies en dessous de poils flavescents, assez longs.

♀. *Prothorax* à peine aussi large vers les deux cinquièmes de sa longueur que les élytres après l'angle huméral. *Cuisses postérieures* glabres.

L'insecte que nous avons considéré comme la ♀ du *M. longulus*, semblerait appartenir à une autre espèce, en raison de son prothorax moins arqué sur les côtés, moins large ; de sa ponctuation plus serrée et presque subruguleuse ; mais cet exemplaire présente tous les autres caractères de l'espèce, et les différences que nous venons de signaler ne sont vraisemblablement que des variations sexuelles, qui se rencontrent chez plusieurs autres espèces.

Le *M. longulus* a le port du *Pandarinus* (*Paroderus*) *elongatus*, avec lequel il était confondu dans quelques collections ; il se distingue de ce dernier par son corps proportionnellement moins étroit ; par sa tête moins dégagée du prothorax ; par ce segment plus arqué sur les côtés, muni d'un rebord latéral plus apparent, à peine bissinué à la base, plus large ; par ses postépisternums proportionnellement moins longs, et surtout, par le pénultième intervalle des stries des élytres, invisible quand l'insecte est examiné en dessous, et par l'intervalle voisin du repli non visible à sa partie antérieure. Les ♂ des deux espèces sont faciles à séparer : celui du *M. longulus* n'a pas les articles des tarses antérieurs dilatés, et a le dessous des cuisses postérieures garni de poils flavescents. Le *M. longulus* se distingue de tous les précédents par sa forme plus parallèle, proportionnellement plus étroite, et paraissant, par là, plus allongée. Il s'éloigne des *M. miser*, *Heeri*, *gibbulus*, *melancholichus*, *semicostatus*, par son prothorax offrant chaque faible sinuosité vers chaque sixième externe, et par divers autres caractères indiqués plus haut ; du *furvus* par son prothorax non réticuleux en dessus et notablement sinué près des angles ; du *subcylindricus*, par son prothorax offrant vers les deux cinquièmes sa plus grande largeur, à angles postérieurs un peu ouverts ou moins rectangulaires, à bord postérieur à peine bissubsinué ; par le neuvième intervalle des élytres moins évidemment en forme d'arête sur toute sa longueur, offrant plus de tendance à se lier à l'angle huméral paraissant à peine lié à ce dernier. Le ♂, par la pubescence de l'arête inférieure de ses cuisses postérieures, ne peut être confondu avec celui du précédent.

Les *M. subcylindricus* et *longulus*, par leur prothorax sinueusement rétréci sur les côtés, au devant des angles postérieurs, offrent presque déjà le caractère des *Omocrates*, et servent à montrer les transitions insensibles par lesquelles on passe souvent d'une coupe à une autre ; le *M. longulus* surtout, par ses cuisses postérieures garnies de poils en dessous, chez le ♂, fait déjà pressentir les caractères sexuels que présenteront sous ce rapport divers Omocratates. Mais le *M. longulus* ♂, comme tous les autres Micrositates, s'éloigne des Héliopathaires suivants, par les articles de ses tarses antérieurs non dilatés.

TROISIÈME RAMEAU.

LES OMOCRATATES.

Caractères. *Yeux* au moins aussi longs que larges, dans leur partie visible en dessus. *Prothorax* s'appuyant ordinairement sur les élytres, parfois un peu séparé de celles-ci, chez les dernières espèces, mais alors angles huméraux des étuis non arrondis ; plus ou moins brusquement rétréci, puis parallèle, au devant des angles postérieurs. *Intervalle des élytres* voisin du repli, en partie invisible quand l'insecte est examiné en dessous.

A ces caractères, on peut ajouter :

Tête généralement assez enfoncée dans le prothorax ; chargée au côté interne des yeux d'un pli souvent peu saillant ; ordinairement peu ou point sillonnée sur la suture frontale. *Antennes* prolongées, en général, jusqu'aux trois quarts ou presque jusqu'aux angles postérieurs du prothorax ; à troisième article d'un tiers ou de moitié plus long que le suivant : les quatrième à huitième presque obconiques ou en partie submoniliformes : les neuvième et dixième au moins, plus larges que longs : le onzième généralement ovalaire, surtout chez les ♂, parfois orbiculaire ou même à peine aussi long que large, surtout chez les ♀. *Prothorax* échancré en devant; plus ou moins arqué sur les quatre cinquièmes antérieurs de ses côtés, rétréci et subparallèle ensuite; à angles postérieurs prononcés et à peu près rectangulairement ouverts; le plus souvent en ligne un peu arquée en devant, à la base. *Ecusson* plus large que long. *Elytres* en ogive obtuse et à peine sinuée à leur partie postérieure. *Dessous du corps* ordinairement ridé ou marqué d'assez gros points unis en sillons, sur les côtés de l'antépectus. *Postépisternums* arqués à leur côté interne, et rétrécis dans leur seconde moitié. *Pieds* médiocres, simples. *Corps* en général peu ou médiocrement convexe.

Les caractères distinctifs des Omocratates sont d'avoir le prothorax rétréci et plus ou moins parallèle au devant des angles postérieurs, et généralement appuyé sur les élytres; mais ces caractères ne sont pas également prononcés chez tous les insectes de ce rameau. Quelques-uns des premiers, par leur prothorax parfois peu rétréci ou sinué plutôt que parallèle au devant des angles postérieurs, semblent lier cette division à la précédente; les derniers, au contraire, par leurs élytres un peu détachées du prothorax, et un peu obliquement coupées, d'avant en arrière, depuis le quart externe de leur base jusqu'à l'angle huméral, font une transition presque insensible aux Héliopathates, chez lesquels les élytres seront plus visiblement encore séparées du prothorax, et arrondies à leurs angles huméraux.

Les Omocratates ♂, soumis à notre examen, nous ont tous offert les deuxième et troisième articles des tarses antérieurs dilatés, et souvent les mêmes des intermédiaires plus ou moins élargis, et sous ce rapport, ils se distinguent de ceux du rameau précédent, chez lesquels tous les tarses sont grêles; cependant il serait possible que la première espèce, dont le faciès rappelle celui de certains Microsites, mais que le rétrécissement de son prothorax rattache aux Omocrates, fit exception à cette règle. Cette dilatation de quelques-uns des articles des tarses est loin d'être d'ailleurs uniforme chez toutes les espèces : chez la plupart, elle est très-prononcée : chez les Maladères et espèces voisines, au contraire, elle est très-faible. Enfin, chez les ♂ de plusieurs insectes de ce rameau, les cuisses postérieures et souvent intermédiaires, et les jambes des deux dernières paires, sont ciliées en dessous ; chez les autres, elles sont entièrement glabres, comme chez toutes les ♀.

Les Omocratates peuvent être partagés en deux genres.

		GENRES.
Élytres	non obliquement coupées à la base à partir du quart externe de celle-ci ; offrant les angles huméraux à peu près rectangulairement ouverts. Prothorax ordinairement appuyé à la base sur les élytres.	*Omocrates.*
	obliquement coupées, d'avant en arrière, depuis le quart externe de leur base, jusqu'aux angles huméraux qui, par là, sont plus ouverts que l'angle droit. Prothorax sensiblement séparé des élytres, surtout aux angles huméraux de celles-ci.	*Maladeras.*

Genre *Omocrates*, OMOCRATE.

(ὠμοκρατής, qui a de fortes épaules)

CARACTÈRES. *Elytres* non obliquement coupées à la base, à partir du quart externe de celle-ci jnsqu'à l'angle huméral ; offrant ces angles à peu près rectangulairement ouverts.

α. Prothorax en ligne arquée en arrière et sans sinuosités, à la base ; offrant les bords postérieurs moins prolongés en arrière que la partie médiane. *saxicola.*

αα. Prothorax en ligne presque droite ou un peu arquée en devant à la base ; offrant une sinuosité plus ou moins faible, vers chaque cinquième ou sixième externe de celle-ci.

β. Prothorax presque parallèle sur les côtés, à peine arqué sur les quatre cinquièmes antérieurs de ceux-ci ; presque en ligne droite à son bord antérieur, quand l'insecte est examiné en dessus; en ligue bissubsinuée à la base, avec la partie médiaire à peu près aussi prolongée que les angles. *collaris.*

ββ. Prothorax arqué sur les quatre cinquièmes antérieurs environ des côtés, et plus ou moins brusquement rétréci postérieurement; en ligne un peu arquée en devant à la base, avec les angles postérieurs un peu plus prolongés en arrière que le milieu.

γ. Bord supérieur du repli très-visible jusqu'au sixième au moins de sa longueur, quaud l'insecte est examiné perpendiculairement en dessus. Troisième, cinquième et septième intervalles des stries des élytres saillants sur toute leur longueur. *gibbus.*

γγ Bord supérieur du repli ordinairement invisible après l'angle huméral; parfois un peu visible après cet angle, mais alors troisième, cinquième et septième intervalles des élytres plans sur la majeure partie de leur longueur.

δ. Elytres marquées de points-fossettes.

ε. Troisième, cinquième et septième intervalles des élytres saillants sur toute leur longueur. *fossulatus.*

εε. Troisième, cinquième et septième intervalles des élytres non ou à peine sensiblement saillants sur la majeure partie de leur longueur. *foveipennis.*

δδ. Elytres marquées de rangées de points plus ou moins petits.

ζ. Bases des élytres offrant, réunies, une ligne droite, depuis une fossette juxta-humérale jusqu'à l'autre, ou échancrée entre chaque fossette et l'écusson.

η. Quatrième strie ou rangée striale des élytres marquée environ de vingt-cinq points. *lineato-punctatus.*

ηη. Quatrième strie ou rangée striale des élytres marquée au moins de trente points.

θ. Prothorax offrant un peu avant la moitié sa plus grande largeur. *indiscretus.*

θθ. Prothorax offrant vers les deux tiers sa plus grande largeurr. *abbreviatus.*

ζζ Base des élytres offrant, prises ensemble, une ligne un peu arquée en devant, depuis une fossette humérale jusqu'à l'autre.

ι. Prosternum non sillonné ou marqué seulement d'une fossette obsolète. *planiusculus.*

ιι. Prosternum sillonné. *viaticus.*

1. O. saxicola.

Oblong; médiocrement convexe; d'un noir mat. Prothorax arqué sur les cinq sixièmes de ses côtés, brusquement rétréci et parallèle ensuite; offrant vers les trois cinquièmes sa plus grande largeur; arqué en arrière à la base; rugueusement et finement ponctué. Elytres arquées en arrière, prises ensemble, à la base; à stries peu profondes et peu distinctement ponctuées. Intervalles rugueusement et densement pointillés; peu convexes: les troisième, cinquième et septième plus ou moins convexes et saillants, au moins vers leur extrémité.

Phylax saxicola, (CHEVROLAT) *in litter.*

Long. 0,0067 (3 l.) Larg. 0,0022 à 0,0026 (1 à 1 1/5 l.).

Corps oblong, médiocrement convexe; d'un noir mat. *Tête* densement et peu uniment ponctuée; offrant à peine ou n'offrant pas les traces d'une dépression sur la suture frontale. *Antennes* prolongées environ jusqu'aux trois quarts des côtés du prothorax (♀); noires à la base, graduellement d'un brun fauve ou fauves, à l'extrémité. *Prothorax* échancré en arc assez régulier, en devant; un peu obtusément arqué sur les cinq sixièmes antérieurs de ses côtés, parallèles ensuite; à peine plus large aux angles postérieurs qu'aux antérieurs; à peu près rectangulairement ouverts à ceux-là; sensiblement en arc dirigé en arrière, ordinairement sinué au devant de l'écusson, et sans sinuosité sur le reste, à la base; muni latéralement d'un rebord étroit et non saillant; muni à la base d'un rebord plus étroit, peu apparent et non interrompu; d'un tiers environ plus large que long; médiocrement convexe; densement ponctué; subréticuleux; offrant parfois sur la ligne médiane une trace lisse, raccourcie à ses extrémités. *Ecusson* petit, ponctué. *Elytres* offrant, réunies, leur base en arc dirigé en arrière, pour recevoir le bord arqué en arrière du prothorax, avec les angles huméraux un peu avancés, et embrassant un peu la partie rétrécie du prothorax; subparallèles jusqu'aux trois cinquièmes (♀); très-médiocrement ou assez faiblement convexes sur le dos, convexement déclives sur les côtés et plus faiblement à la partie postérieure; à stries linéaires assez faibles, et marquées de points assez petits, peu distincts, ne crénelant pas les intervalles (environ trente de ces points sur la quatrième): les quatrième et cinquième encloses par les voisines, plus courtes, prolongées environ jusqu'aux quatre cinquièmes. *Intervalles* densement et rugueusement ou ruguleusement ponctués; presque plans ou à peine subconvexes en devant: les troisième, cinquième et septième, plus ou moins convexes et saillants au moins postérieurement, et parfois presque sur toute leur longueur. *Bord supérieur du repli* invisible en dessus après l'angle huméral. *Dessous du corps* marqué sur les côtés de l'antépectus de points médiocres ou assez gros, peu unis en sillons; un peu plus finement ponctué sur le reste. *Prosternum* assez large; obsolètement sillonné. *Postépisternums* presque parallèles sur leur première moitié, rétrécis dans la seconde: deux fois et demie au moins aussi longs qu'ils sont larges dans leur milieu. *Pieds* ponctués assez finement; comprimés: jambes de devant presque aussi larges en devant que la moitié de leur arête externe.

PATRIE: l'Espagne, (collect. Chevrolat).

♂ Inconnu.

♀ Cuisses et jambes glabres. Articles des tarses non dilatés.

OBS. Cette espèce a un peu le port du *M. bœticus*. Elle se distingue facilement de toutes les suivantes par son prothorax et ses élytres densement et rugueusement ponctués, et surtout par son prothorax arqué en arrière à son bord postérieur.

2. O. collaris.

Suballongé ; assez faiblement convexe ; noir, peu luisant. Prothorax presque en ligne droite, en devant ; presque parallèle sur les quatre cinquièmes antérieurs, parallèle postérieurement ; subtrisinué à la base ; ponctué avec une faible tendance à la réticulation. Elytres à peine munies d'une petite dent dirigée en dehors, à l'angle huméral ; à stries peu profondes même postérieurement, ponctuées (environ vingt-cinq points sur la quatrième). Intervalles pointillés, d'une manière à peine ruguleuse ; à peine subconvexes en devant : les troisième, cinquième et septième, saillants postérieurement. Prosternum ovalaire, relevé en rebord et chargé d'un relief longitudinal.

Long. 0,0067 (3 l.) Larg 0,0028 (1 1/4 l.).

Corps suballongé ; assez faiblement ou très-médiocrement convexe ; noir, peu luisant, surtout sur la tête et sur le prothorax. *Tête* ponctuée, avec une faible tendance à la réticulation sur le front ; à peine déprimée sur la suture frontale. *Antennes* prolongées au moins jusqu'aux angles postérieurs (♂) ; noires, graduellement moins obscures vers l'extrémité. *Prothorax* presque en ligne droite en devant, avec une faible dépression ou sinuosité postoculaire ; presque en parallélogramme d'un quart plus large que long ; à peine arqué sur les quatre cinquièmes de ses côtés, parallèle et à peine rétréci postérieurement ; en ligne subtrisinuée à la base, c'est-à-dire offrant une faible sinuosité vers chaque sixième externe, et une autre plus faible au devant de l'écusson ; à angles postérieurs un peu dirigés en arrière par l'effet de la sinuosité, et un peu moins ouverts que l'angle droit ; muni latéralement d'un rebord étroit, non saillant ; muni à la base d'un rebord très étroit, presque interrompu dans son milieu ; faiblement convexe ; ponctué, avec une faible tendance à la réticulation. *Ecusson* transverse. *Elytres* très-légèrement sinuées après l'angle huméral, et offrant cet angle en forme de très petite dent un peu dirigée en dehors ; subparallèles jusqu'aux trois cinquièmes ou à peine élargies graduellement jusqu'à la moitié ; très-peu convexes sur le dos, convexement déclives sur les côtés et plus faiblement à leur partie postérieure ; à stries peu profondes, même postérieurement, marquées de points séparés par un espace généralement plus grand que leur diamètre (environ vingt-cinq sur la quatrième strie) : les quatrième et cinquième plus courtes. *Intervalles* finement ponctués, à peine ruguleux ; très-faiblement subconvexes en devant : les sutural, troisième, cinquième et septième postérieurement convexes et saillants. *Dessous du corps* marqué, sur les côtés de l'antépectus, de gros points presque unis ou unis en sillons ; moins grossièrement ponctué sur le reste. *Prosternum* ovalaire : relevé en rebord dans sa périphérie et chargé sur son milieu d'une ligne élevée. *Pieds* ponctués. *Cuisses* ruguleuses. *Jambes* antérieures, triangulairement élargies, presque aussi larges à l'extrémité que la moitié de leur arête interne.

Patrie : l'Espagne méridionale, (collect. Aubé.)

♂. Trois premiers articles des tarses antérieurs et intermédiaires garnis de sortes de ventouses en dessous : les deuxième et troisième des antérieurs, fortement : les mêmes des intermédiaires, faiblement dilatés.

♀. Inconnue.

Obs. Cette espèce a un faciès équivoque : par son port, par la dent presque indistincte et un peu dirigée en dehors des angles huméraux de ses élytres, elle semble se rapprocher des derniers *Pandarinus*, dont elle s'éloigne par son prothorax à peine bissinué à la base, par l'avant dernier intervalle des élytres invisible en dessous ; par le voisin du repli non visible à sa partie antérieure. Elle a quelque analogie avec quelques-uns des derniers *Micrositus*, dont elle diffère par son prothorax à peine arqué sur les côtés et par les deuxième et troisième articles des tarses dilatés, chez le ♂. Ce dernier caractère et celui d'avoir la cinquième partie des côtés du prothorax parallèle, indiquent sa place parmi les *Omocrates*, au milieu desquels la forme de son prothorax lui donne un air un peu étranger.

3. O. gibbus ; Fabricius.

Oblong ; médiocrement convexe ; d'un noir un peu luisant. Prothorax arqué sur les côtés jusqu'aux cinq sixièmes, parallèle postérieurement : faiblement coupé en arc dirigé en avant et peu sensiblement bissinué, à la base ; ponctué, non réticuleux. Elytres à stries peu profondes en devant, ponctuées (environ 22 à 25 points sur la quatrième). Intervalles pointillés ou ponctués, souvent plus ou moins ruguleux ; à peine convexes en devant : les troisième, cinquième et septième convexes et saillants, au moins vers l'extrémité, parfois sur presque toute leur longueur. Bord supérieur du repli visible en dessus, au moins jusqu'au sixième de sa longueur.

Opatrum gibbum, Fabr. Syst. entom. p. 76. 2. — Id. Spec. ins. t. 1. p. 90. 3. — Id. Mant. ins. t. 1. 50. 3. — Id. Ent. syst. t. 1. p. 89. 4. — Id. Syst. eleuth. t. 1. p. 116. 6. — Gmel. Car Linn. Syst nat. t. 1. p. 1632. 3. — Panz Ent. germ. p. 35. 2. — Id. Faun germ. 39. 4 — Illig. Kaef. Preuss. p. 108. 3. — Id. Mag. t. 1. p. 359. 6. — Walck Faun. par. t. 1. p. 29. 2. — Sturm, Deutsch. Faun. t. 2. p. 170. 3. — Oliv. Ency.e méth. t. 8. p. 501. 27. — Lamarck. Anim. s. vert. t. 4. p. 413. 2. 7. — Gyllenh. Ins. suec. t. 2. p 598. 2. — Duméril. Dict. des sc. nat. t. 36. p. 157. 3. — Sahlb. Ins. fenn. p. 482 2.

Opatrum convexum, Kugel. n° 3. (Voy Panz. Faun. Germ. 39. 4).

Tenebrio pilipes, Herbst, Naturs. t. 7. (Kaef.) p. 260. 29. pl. 112. fig. 3 B. (♂).

Tenebrio gemellatus, Marsh. Entom. brit. p. 475 (♂).

Tenebrio arenosus, Marsh. Ent. brit. p. 475. (♀).

Pedinus gibbus, Latr. Hist. nat. t. 10. p. 283. 3. — Panz. Index entom. p. 28. 3. — Le pelet. et A. Serville, Encycl. méth. t. 10. p. 26. 5.

Ptinus maritimus, Leach, Edinb. Encycl. t. 9 p. 102. — Samouelle, The. Entomol. p. 92. pl. 4. fig. 2.

Helophilus gibbus, Dej. Catal (1821). p. 66. L. Duf. Excurs. p. 67. 307.

Pedinus gibbium, Curtis, Guide. 255. 1.

Philan gibbus, Steph. Illustr. t. 5. p. 2. 1. — Id. Man. p. 324. 2544.

Heliopathes gibbus, (Dej.). Catal. (1833). p. 191. — Id. (1837). p. 212. — L. Redtemb. Faun. austr. p. 598. — Ed. Perris, Lettre, etc. *in* Mém. de l'Acad. des sc. d Lyon (cl. d. sc.) 1850. p. 471.

Omocrates gibbus, Muls. Hist. nat. des Coléopt. de France (Latigènes). p. 155. 2.

Long. 0,0078 à 0,0090 (3 1/2 à 4 l.). Larg. 0,0033 à 0,0045 (1 1/2 à 2 l.).

Corps oblong; médiocrement ou assez faiblement convexe; d'un noir peu ou un peu luisant. *Tête* densement ponctuée; déprimée ou obsolètement et largement sillonnée sur la suture frontale. *Antennes* à peine prolongées à peu près jusqu'aux deux tiers des côtés du prothorax; assez épaisses; moniliformes à partir du cinquième article, avec les neuvième et dixième cupiformes: les neuvième à onzième un peu plus gros; noires, graduellement moins obscures ou fauves à l'extrémité. *Prothorax* en arc obtus dirigé en arrière et sinué derrière chaque œil, à son bord antérieur; assez faiblement arqué sur les quatre cinquièmes antérieurs de ses côtés; plus étroit et parallèle ou presque parallèle postérieurement; offrant vers la moitié sa plus grande largeur; un peu moins large ou à peine aussi large dans ce point que les élytres dans leur milieu; muni latéralement d'un rebord uniforme, peu saillant, convexe; faiblement en arc dirigé en avant et peu ou point sensiblement sinué, à la base, vers chaque cinquième ou sixième externe de celle-ci; muni à cette dernière d'un rebord très-étroit et presque interrompu dans son milieu; une fois (♀) ou près d'une fois (♂) plus large à son bord postérieur que long sur son milieu; médiocrement convexe; uniformément marqué de points à peu près semblables à ceux de la tête. *Ecusson* transverse; arqué à son bord postérieur; deux fois plus large à la base que long sur son milieu; ponctué. *Elytres* peu ou point émoussées à l'angle huméral; n'offrant pas à celui-ci une petite dent ou un angle dirigé en dehors; presque parallèles jusqu'à la moitié, faiblement rétrécies ensuite jusqu'aux deux tiers, en ogive postérieurement; médiocrement convexes; à stries peu profondes en devant, rendues plus profondes postérieurement par la saillie des intervalles, ponctuées (environ vingt-deux à vingt-cinq points sur la quatrième). *Intervalles* pointillés ou plus ou moins finement ponctués; parfois un peu ruguleux, ou presque rugueux; les deuxième, quatrième et sixième presque plans ou à peine convexes: les premier ou sutural, troisième, cinquième et septième, sensiblement relevés en toit et d'une manière ordinairement plus prononcée vers leur extrémité: le troisième, postérieurement uni au septième, en enclosant les quatrième à sixième. *Repli* visible en dessus au moins jusqu'au sixième de la longueur, et faisant habituellement paraître les élytres un peu élargies depuis l'angle huméral jusqu'à ce point; ponctué. *Dessous du corps* d'un noir plus luisant que le dessus; ponctué et presque sillonné sur les côtés de l'antépectus; un peu moins grossièrement ponctué sur les médi et postpectus, et plus finement sur le ventre; rayé de quelques lignes ou légers sillons longitudinaux sur la partie antéro-médiaire du premier arceau ventral. *Prosternum* rugueusement pointillé ou ponctué; offrant après le milieu des hanches sa plus grande largeur, en ogive postérieurement; perpendiculairement coupé à son bord postérieur, ne dépassant pas le bord de l'arceau; longitudinalement et assez profondément sillonné. *Postépisternums* arqués à leur côté interne, rétrécis à partir de la moitié de celui-ci et légèrement sinués un peu avant l'extrémité; de moitié à peine aussi larges vers celle-ci que vers le tiers de leur longueur; ponctués. *Pieds* noirs, avec les tarses d'un brun rouge ou d'un rouge brun: *cuisses* assez grossièrement ponctuées; ruguleuses; garnies de poils clair-semés et peu apparents: les postérieures peu ou point sensiblement arquées; non canaliculées en dessous sur la majeure partie de leur longueur: *jambes* garnies, surtout vers leur tranche interne, de poils peu apparents: les antérieures, triangulairement élargies depuis la base jusqu'à l'extrémité, à peu près aussi larges en devant que la moitié de leur longueur; creusées d'une fossette dans la partie médiaire de leur bord antérieur; faiblement arquées; planes ou plutôt un peu concaves et râpeuses, en dessous ; les intermédiaires et postérieures droites ; grossièrement ponctuées ; râpeuses, spinosules ou denticulées vers leur tranche externe. *Tarses* filiformes : dernier article des antérieurs aussi grand que les trois précédents réunis : premier article des postérieurs presque aussi grand que les deux suivants, réunis, un peu moins long que le dernier.

Patrie : diverses parties de l'Europe et de l'Asie occidentale.

Obs. Cette espèce se distingue des autres par les 3me, 5me et 7me intervalles des stries des élytres saillants sur une partie plus ou moins considérable de leur longueur ; par le bord supérieur de son repli très-visible en dessus jusqu'au 6me ou au 5me de sa longueur, etc.

Les stries sont parfois réduites, surtout en devant, à des rangées striales de points. La ponctuation des intervalles varie de finesse.

♂. *Cuisses postérieures*, et moins sensiblement les intermédiaires, garnies en dessous de cils flavescents. *Jambes de devant* à tranche externe presque droite. *Jambes intermédiaires* et *postérieures* hérissées en dessous de cils de même couleur graduellement plus longs dans leur partie médiaire. *Quatre premiers articles des tarses antérieurs et intermédiaires* garnis en dessous de cils flavescents : les deuxième et troisième des antérieurs, dilatés : le troisième, plus sensiblement.

♀. *Cuisses* et *jambes* glabres. *Arête* externe des jambes de devant sensiblement arquée en dehors. *Tarses*, tous filiformes, presque glabres en dessous.

4. O. fossulatus.

Oblong ; très-médiocrement convexe ; d'un noir un peu luisant. Prothorax arqué sur les quatre cinquièmes, subparallèle ensuite ; offrant vers la moitié sa plus grande largeur ; sensiblement en arc dirigé en avant et très-légèrement bissubsinué à la base ; ponctué avec quelque tendance à la réticulation. Elytres à rangées striales de points-fossettes (treize à dix-sept sur la quatrième strie) : les points des troisième, quatrième, cinquième et sixième stries, en partie unis transversale-

ment. Intervalles pointillés : les troisième, cinquième et septième, saillants sur toute leur longueur : les autres, plans.

Long 0,0128 (5 3/4 l.) Larg. 0,0045 à 0,0048 (2 à 2 1/8 l.)

♂ *Corps* oblong ou suballongé ; très-médiocrement convexe ; noir, peu luisant. *Tête* marquée de points petits et médiocrement rapprochés ; peu ou point déprimée sur la suture frontale. *Antennes* prolongées à peu près jusqu'aux angles postérieurs du prothorax ; noires, à dernier article pubescent et gris cendré à son extrémité ; à peine aussi long que large : le troisième, de moitié plus grand que le suivant. *Prothorax* échancré en arc obtus, en devant, c'est-à-dire presque en ligne droite dans la partie médiaire de cette échancrure ; arqué sur les quatre cinquièmes ou cinq sixièmes antérieurs de ses côtés, parallèle ensuite ; faiblement plus large aux angles postérieurs qui sont rectangulairement ouverts, qu'aux antérieurs ; coupé en arc assez faiblement dirigé en avant, et offrant à peine les traces de deux ou de trois faibles sinuosités, à la base ; muni sur les côtés d'un rebord peu saillant ; très étroitement et peu distinctement rebordé, à la base ; de près de moitié plus large à celle-ci que long sur son milieu ; médiocrement convexe ; pointillé sur le dos, marqué sur les côtés de points moins fins ou moins légers et médiocrement serrés. *Ecusson* presque en demi-cercle élargi ; à peine ou très-finement pointillé. *Elytres* à peu près en ligne droite à la base ; creusées à celle-ci d'une fossette pour recevoir les angles du prothorax ; à angles huméraux prononcés et un peu avancés ; subparallèles jusqu'aux trois cinquièmes ; peu convexes sur le dos, convexement déclives sur les côtés et plus faiblement à leur partie postérieure ; à rangées striales de points-fossettes : ces points parfois allongés ou linéaires sur les deux premières stries, en majeure partie unis d'une manière obliquement transversale sur les troisième et quatrième, et cinquième et sixième rangées (environ treize à dix-sept de ces points-fossettes sur la quatrième). *Intervalles* finement et superficiellement ou légèrement ponctués : les troisième, cinquième et septième, saillants sur toute leur longueur : les troisième et septième, postérieurement unis, en enclosant le cinquième. *Bord supérieur du repli* invisible en dessus. *Dessous du corps* luisant; couvert sur les côtés de l'antépectus de rides ponctuées un peu superficielles ; ponctué sur les autres parties pectorales, et plus finement et plus légèrement sur le ventre. *Prosternum* presque plan, ordinairement creusé d'un sillon médiaire et rayé, sur sa moitié antérieure, d'une ligne, près de chacun de ses bords. *Postépisternums* ruguleusement ponctués ; arqués à leur côté interne, plus rétrécis dans leur seconde moitié; deux fois et demie à trois fois aussi longs que larges sur leur milieu. *Pieds* ponctués : cuisses subruguleuses : les antérieures et intermédiaires un peu renflées : jambes de devant triangulairement élargies; aussi larges en devant que les deux cinquièmes environ de leur arête externe : les autres non sillonnées sur l'arête dorsale.

PATRIE : l'Espagne, (collect. Chevrolat).

♂. *Cuisses* et *jambes* toutes glabres en dessous. Jambes intermédiaires munies d'une petite dent ou d'une sorte de talon à l'extrémité de leur arête inférieure. *Trois premiers articles des tarses antérieurs* et *intermédiaires* garnis de sortes de ventouses en dessous : premier, et surtout deuxième et troisième articles des tarses antérieurs, et un peu moins fortement ceux des intermédiaires, dilatés.

♀ Elle doit avoir les élytres moins parallèles ; le ventre peu ou point concave sur le milieu des deux premiers arceaux du ventre ; les tarses non dilatés, etc.

OBS. Cette espèce est facile à distinguer des précédentes par ses élytres notées de points-fossettes ; par le nombre assez petit de ces points, par leur union en fossettes obliquement transversales sur les troisième et quatrième, et cinquième et sixième rangées; par les troisième, cinquième et septième intervalles saillants sur toute leur longueur.

5 **O. foveipennis.**

Oblong; assez faiblement convexe; d'un noir peu luisant. Prothorax arqué sur les cinq sixièmes, rétréci et parallèle ensuite; offrant vers les trois cinquièmes sa plus grande largeur; sensiblement en arc peu ou point subsinué à la base; réticuleux. Elytres un peu saillantes aux épaules; à stries assez faibles et marquées de points-fossettes allongés (environ dix-sept sur la quatrième). Intervalles pointillés, ruguleux; faiblement subconvexes: les troisième et septième plus convexes et saillants postérieurement.

(Long. 0,0125 (5 1/2 l.). Larg. 0,0051 (2 1/4 l.).

♂. *Corps* oblong ou suballongé; très-médiocrement convexe; noir, presque mat. *Tête* marquée de points ayant, surtout sur le front, une tendance plus prononcée à la réticulation; peu ou point déprimée sur la suture frontale. *Antennes* prolongées jusqu'aux quatre cinquièmes au moins des côtés du prothorax; noires, à dernier article pubescent et gris-cendré à son extrémité, ovalaire, plus long que large: le troisième, d'un tiers plus grand que le suivant. *Prothorax* échancré en arc obtus en devant; irrégulièrement arqué sur les cinq sixièmes antérieurs de ses côtés, c'est-à-dire élargi en ligne d'abord peu courbe jusque vers les quatre septièmes ou un peu moins, puis rétréci en ligne plus courbe jusqu'aux cinq sixièmes, parallèle ensuite; coupé en arc assez faiblement dirigé en avant, à la base, et offrant à peine des traces de sinuosités vers chaque cinquième externe du bord postérieur; muni sur les côtés d'un rebord assez étroit, un peu saillant surtout sur ses deux tiers antérieurs; à peine rebordé sur chaque tiers externe de la base, sans rebord dans son milieu; médiocrement convexe; marqué de points moins petits près des côtés que sur le dos, et offrant, près de ceux-là, une tendance plus marquée à la réticulation. *Ecusson* presque en demi-cercle, ou en triangle obtus et à côtés courbes ; presque impointillé. *Elytres* en ligne droite, à la base ; à angles huméraux prononcés, et presque en forme de très-petite dent, indiquée par une sinuosité presque imperceptible après l'angle huméral ; faiblement élargies depuis ce point jusque vers la moitié de leur longueur, rétrécies ensuite, faiblement jusqu'aux deux tiers ; peu convexes sur le dos, convexement déclives sur les côtés, et plus faiblement à leur partie postérieure ; à rangées striales de points-fossettes allongés, en partie sublinéaires (environ quinze à dix-sept sur la quatrième rangée) : les deux premières, postérieurement converties en stries peu profondes : la deuxième, postérieurement unie à la septième. *Intervalles* pointillés, d'une manière un peu ruguleuse ; presque plans ou faiblement subconvexes : les troisième et septième postérieurement unis et saillants : le cinquième à peine plus saillant que ses voisins. *Bord supérieur du repli* invisible en dessus, si ce n'est vers l'extrémité. *Dessous du corps* luisant ; couvert, sur les côtés de l'antépectus, de rides ponctuées ; assez densement ponctué sur les autres parties pectorales, et un peu plus finement sur le ventre. *Prosternum* peu arqué ; creusé d'un sillon longitudinal médiaire, ordinairement terminé par une fossette. *Postépisternums* densement et rugueusement ponctués ; arqués à leur côté interne, plus rétrécis dans leur seconde moitié ; trois fois environ aussi longs qu'ils sont larges dans leur milieu. *Pieds* ponctués : *cuisses* ruguleuses : les antérieures et intermédiaires sensiblement renflées : *jambes de devant* triangulairement élargies, aussi larges à l'extrémité que les deux cinquièmes de la longueur de leur arête externe.

PATRIE : l'Espagne, (collect. Chevrolat).

♂. *Cuisses postérieures* un peu arquées ; garnies en dessous d'un duvet assez court et flavescent. *Jambes intermédiaires* et *postérieures* garnies d'un duvet semblable sur leur arête inférieure. ***Deuxième et troisième articles des tarses antérieurs et intermédiaires*** garnis en dessous d'un duvet serré en forme de brosse ou de sortes de ventouses : les deuxième et troisième des antérieurs. fortement : les mêmes des intermédiaires, très-faiblement dilatés.

♀. Inconnue.

Obs. Cette espèce se distingue de la précédente par sa taille un peu plus avantageuse ; par son corps moins luisant ou presque mat ; par son prothorax et son front marqués de points ayant une tendance plus visible à la réticulation ; par les troisième, cinquième et septième intervalles de ses élytres, non saillants sur toute leur longueur ; par les points-fossettes non unis transversalement avec ceux de la rangée voisine.

Le ♂, par ses cuisses postérieures et par ses jambes intermédiaires et postérieures garnies de duvet, ne peut être confondu avec celui de l'*O. fossulatus*.

Les points-fossettes de ses élytres éloignent l'*O. foveipennis* de toutes les autres espèces de ce genre.

6. O. lineato-punctatus.

Suballongé ; très-médiocrement convexe ; d'un noir luisant. Prothorax arqué sur les côtés, sinué vers les cinq sixièmes et presque parallèle postérieurement ; offrant vers les deux tiers environ sa plus grande largeur ; ponctué, avec tendance à la réticulation près des côtés. Elytres munies à l'angle huméral d'une petite saillie ; à stries à peu près réduites à des rangées striales de points (environ vingt-cinq sur la quatrième). Intervalles assez finement ponctués, plans : les troisième et septième obtusément saillants postérieurement. Prosternum presque à un seul sillon. Epimères postérieures à peu près aussi étroites en devant qu'en arrière.

Pandarus lineato-punctatus (de Brême) suivant M. Deyrolle.

Long. 0,0123 (5 1/2 l.). Larg. 0,0045 à 0,0048 (2 à 2 1/8 l.).

Corps suballongé : peu convexe ; noir, un peu luisant, surtout sur les élytres. *Tête* ponctuée, d'une manière presque réticuleuse sur le front, un peu plus fine sur l'épistome ; peu ou point déprimée sur la suture frontale. *Antennes* prolongées jusqu'aux trois quarts ou quatre cinquièmes des côtés du prothorax ; noires, avec les derniers articles un peu moins obscurs, souvent peut-être par l'effet de leur courte pubescence : le dernier, d'un brun fauve ou fauve dans sa dernière moitié ; à troisième article d'un tiers plus grand que le suivant. *Prothorax* échancré en arc presque régulier en devant ; un peu irrégulièrement arqué sur les quatre cinquièmes ou cinq sixièmes de ses côtés, subparallèle ensuite ; offrant environ vers les deux tiers (au moins chez le ♂) sa plus grande largeur ; à angles postérieurs rectangulairement ouverts ; en ligne subtrisinuée, presque droite ou à peine arquée en devant, à la base, c'est-à-dire offrant une légère sinuosité vers chaque dixième externe et une autre au devant de l'écusson ; muni sur les côtés d'un rebord peu saillant ; muni à la base d'un rebord très-étroit presque oblitéré dans son milieu ; d'un tiers au moins plus large à la base que long sur son milieu ; très-médiocrement convexe ; marqué de points plus médiocres sur le dos que sur les côtés, offrant, surtout près de ces derniers, une tendance assez prononcée à la réticulation. *Ecusson* presque en demi cercle élargi, ou en triangle obtus ou tronqué postérieurement ; plus large que long ; presque impointillé. *Elytres* à peine et brièvement sinuées après l'angle huméral, offrant, par là, cet angle un peu en forme de petite dent obtuse ; très-légèrement élargies (♂) jusque vers la moitié de leur longueur, peu rétrécies jusqu'aux deux tiers, en ogive obtuse et subsinuée postérieurement ; à rebord marginal peu ou point visible après l'angle huméral ; très-médiocrement convexes sur le dos jusqu'à la septième rangée striale, convexement déclives sur les côtés, et plus faiblement à leur partie postérieure ; à rangées striales de points médiocres (environ vingt-trois à vingt-cinq sur la quatrième) : les deux premières, presque en forme de stries linéaires et très-légères : la troisième unie à la sixième, en enclosant les quatrième et cinquième plus courtes, prolongées à peine jusqu'aux quatre cinquièmes. *Intervalles* finement ponctués ; plans : le troisième, à peine moins plan à partir de la base, graduellement subconvexe et saillant vers son extrémité, uni à celle-ci au septième, qui est subconvexe comme lui. *Dessous du corps* marqué sur les côtés de l'antépectus de gros points unis en rides ou sillons ; moins grossièrement ponctué sur les autres parties pectorales et surtout sur le ventre. *Prosternum* creusé d'un sillon assez profond, prolongé presque jusqu'à l'extrémité. *Postépisternums* rugueusement et densement ponctués ; arqués à leur côté interne, plus rétrécis dans leur seconde moitié ; trois fois et demie environ aussi longs qu'ils sont larges dans leur milieu. *Pieds* ponctués. *Cuisses* ruguleuses. *Jambes antérieures* triangulairement élargies, aussi larges à leur extrémité que le tiers ou un peu plus de leur arête externe : les intermédiaires, offrant ordinairement, vers l'extrémité de leur arête dorsale, les faibles traces d'un léger sillon.

Patrie : les parties méridionales de l'Espagne, (coll. Deyrolle).

♂. *Cuisses intermédiaires* et *postérieures* garnies en dessous de poils roux fauve. *Jambes intermédiaires* et *postérieures*, à peine arquées sur leur arête interne et garnies sur cette dernière de cils épais, d'un roux fauve, graduellement plus longs vers la partie médiaire des jambes, et plus courts aux extrémités *Trois premiers articles des tarses antérieurs* garnis en dessous de sortes de ventouses. *Tarses intermédiaires* et *postérieurs* garnis en dessous de poils allongés d'un roux fauve : deuxième et troisième articles des tarses antérieurs, fortement dilatés : trois premiers articles des tarses intermédiaires, et moins faiblement les deuxième et troisième, un peu élargis.

♀. Inconnue.

Obs. Cette espèce se distingue facilement de l'*O. saxicola*, par sa taille, par le bord postérieur de son prothorax non arqué en arrière; du *collaris*, par son prothorax plus arqué sur les quatre cinquièmes antérieurs, plus rétrécis postérieurement; du *gibbus*, par ses intervalles tous plans sur presque toute leur longueur; des *fossulatus* et *foveipennis* par ses élytres non marquées de points-fossettes. Elle se rapproche davantage des deux espèces suivantes, dont elle s'éloigne par les points moins nombreux de ses rangées striales.

7. O. Indiscretus.

Suballongé ; peu convexe ; noir, un peu luisant. Prothorax subtrisinueusement échancré en devant ; médiocrement élargi jusqu'à la moitié ou un peu plus, sinueusement rétréci ensuite ; coupé un peu en arc dirigé en devant et subsinué vers chaque sixième externe, à la base; à rebord basilaire non interrompu dans son milieu ; ponctué avec tendance à la réticulation, et avec les intervalles lisses. Elytres en ligne droite, à la base, entre chaque fossette humérale ; très-faiblement convexes, surtout près de la base; à rangées striales de points ronds assez petits (trente au plus sur la quatrième). Intervalles finement pointillés ; plans : les troisième et septième subconvexes et un peu saillants postérieurement.

Long. 0,0100 (4 1/2 l.) Larg. 0,0036 (1 2/3 l.)

Corps suballongé ; peu convexe ; noir, un peu luisant. *Tête* ponctuée, d'une manière plus fine et plus serrée sur l'épistome, moins serrée et avec quelque tendance à la réticulation, sur le front ; paraissant, vue à certain jour, offrir les traces d'une carène longitudinale médiaire presque indistincte ; à peine déprimée sur la suture frontale. *Antennes* prolongées presque jusqu'aux angles postérieurs du prothorax (♂) ou un peu moins (♀); noires, graduellement moins obscures et un peu pubescentes vers l'extrémité. *Prothorax* médiocrement échancré en devant, et d'une manière légèrement trisinueuse, offrant les angles antérieurs avancés en espèce de dent, et une dépression médiocre derrière chaque œil; élargi en ligne un peu courbe jusqu'à la moitié ou un peu plus, rétréci ensuite d'une manière sinuée jusqu'aux angles postérieurs qui sont prononcés, rectangulairement ouverts; en ligne à peu près droite sur les deux tiers médiaires de sa base, avec les angles postérieurs un peu dirigés en arrière, offrant, par là, une très-légère entaille ou sinuosité vers chaque sixième externe du bord postérieur; muni sur les côtés d'un rebord écrasé, peu apparent; muni à la base d'un rebord très-étroit et non interrompu; de près de moitié plus large à la base que long sur son milieu; très-médiocrement convexe; marqué de points médiocrement rapprochés et séparés par des intervalles lisses, plus petits sur le dos, moins petits et offrant une légère tendance à la réticulation près des côtés. *Ecusson* arqué en arrière; une fois plus large que long; pointillé. *Elytres* en ligne droite à la base, d'une fossette humérale à l'autre; offrant les angles huméraux un peu avancés en forme de dent; sensiblement élargies depuis les épaules jusqu'à la moitié; très-peu convexes sur le dos, convexement déclives sur les côtés et plus faiblement à leur partie postérieure; à neuf rangées striales de points assez petits, ronds, séparés longitudinalement les uns des autres par un espace généralement plus grand que leur diamètre (ordinairement environ trente-deux de ces points sur la quatrième strie, mais parfois beaucoup plus): la première rangée, subterminale: la deuxième, presque liée postérieurement à la septième: la troisième, unie à la sixième: les quatrième et cinquième unies, encloses par leurs voisines et à peine prolongées jusqu'aux quatre cinquièmes. *Intervalles* finement pointillés; plans: les troisième et septième subconvexes, un peu saillants et unis à leur extrémité. *Dessous du corps* marqué sur les côtés de l'antépectus de gros points unis ou presque unis en sillons; ponctué sur les autres parties pectorales, et un peu plus finement sur le ventre. *Prosternum* pointillé ; peu profondément sillonné sur son milieu. *Postépisternums* densement ponctués ; un peu arqués à leur côté interne, plus sensiblement rétrécis dans leur seconde moitié ; trois fois environ aussi longs qu'ils sont larges dans leur milieu. *Pieds* ponctués : cuisses ruguleuses : jambes antérieures médiocrement élargies ; les autres non sillonnées.

Patrie : L'Espagne, (collect. Aubé, Chevrolat, Deyrolle, Schaum ; Muséum de Paris).

♂. *Cuisses* intermédiaires parcimonieusement, *cuisses* postérieures, *jambes* intermédiaires et postérieures, garnies assez densement de longs poils flavescents. Deuxième et surtout troisième *articles des tarses* antérieurs très-dilatés : les mêmes des intermédiaires, un peu plus larges que les autres.

♀. *Cuisses* et *jambes* intermédiaires et postérieures glabres en dessous. Jambes de devant un peu arquées sur leur arête externe. *Tarses* grêles.

Obs. Cette espèce portait dans les diverses collections qui nous ont été confiées, les épithètes de *lineato-punctatus*, *abbreviatus*, *hybridus*, et plus généralement celle de *nivalis*, que nous aurions adoptée si elle n'eût déjà été appliquée à une autre espèce de nos Parvilabres par Géné.

Elle se distingue de l'*O. lineato-punctatus*, par une taille un peu moins avantageuse ; par son prothorax plus sensiblement arqué en devant et plus faiblement bissubsinué à la base ; par ses élytres plus légèrement convexes ou plus rapprochées de la surface plane, sur le dos ; à rangées striales marquées de points plus rapprochés et plus nombreux. Elle est facile à séparer des autres espèces précédentes par les caractères déjà indiqués.

Quelquefois le rebord basilaire du prothorax semble être très-étroitement interrompu dans son milieu, mais en regardant ce rebord sous le point de vue le plus favorable, on en voit toujours les traces plus ou moins distinctes.

8. **O. abbreviatus**; OLIVIER.

Oblong ou suballongé ; médiocrement convexe; noir, un peu luisant. Prothorax obtusément arqué sur les côtés jusqu'aux cinq sixièmes, subparallèle ensuite, offrant vers les deux tiers sa plus grande largeur ; coupé en arc un peu dirigé en devant, et à peine subsinué vers chaque sixième externe, à la base ; à rebord basilaire ordinairement interrompu dans son milieu ; ponctué , ou avec tendance à la réticulation. Elytres en ligne droite à la base, entre chaque fossette humérale ; médiocrement ou peu fortement convexes ; à rangées striales de points presque carrés, assez petits (trente ou plus sur la quatrième). Intervalles pointillés ; plans : les troisième et septième, convexes ou subconvexes et saillants postérieurement.

Tenebrio abbreviatus, OLIVIER, Entom t. 3, n. 57, p. 17. 22 pl. 2 fig. 21 (suivant l'exemplaire typique existant dans la collection de M. Chevrolat).

Tenebrio tristis ? HERBST, Naturs. (Kaef) t. 7, p. 243. 3 pl. 11 fig. 3.

Pedinus hybridus, LATR. Hist. nat. t. 10. p. 384. 4. (*Pedina hybrida*, sans doute par erreur typographique) — Id Nouv. dict. d'Histoire nat. t. 25 (1817) p. 112. — GERMAR, Faun. insect. Eur. 11. 12. — Id. Insect. Spec. p. 143. 238. — LE PELET. SAINT-FARG. et A. SERVILLE, Encycl. méth. t. 10, p. 25. 3.

Heliophilus hybridus, (DEJ.) Catal. (1821) p. 65.

Heliopathes hybridus, (DEJ.) Catal. (1833) p. 191. — Id. (1837) p. 212.

Dendarus hybridus, DE CASTELN. Hist. nat. t. 2, p. 209. 2. — GAUBIL, Catal. p 219.

Omocrates abbreviatus, MULS. Hist. nat. des coléopt. de Fr. (Latigènes) p. 181. 1.

Long. 0,0127 à 0,0147 (5 1/2 à 6 1/2 l.) Larg 0,0045 à 0,0056 (2 à 2 1/2 l.).

Corps oblong ; d'un noir un peu luisant. *Tête* marquée de points médiocrement rapprochés ; à suture frontale ordinairement indistincte sur sa majeure partie médiaire ; presque sans pli au côté interne des yeux. *Antennes* prolongées jusqu'aux trois quarts des côtés (♀), ou presque jusqu'aux angles postérieurs (♂) du prothorax ; médiocrement épaisses, à sixième et septième articles presque parallèles (♂) ou submoniliformes (♀) ; les neuvième et dixième presque cupiformes ; noires, graduellement moins obscures ou fauves à l'extrémité. *Prothorax* en arc obtus dirigé en arrière et sinué derrière chaque œil, à son bord antérieur ; élargi presque jusqu'aux deux tiers, puis rétréci en ligne plus courbe jusqu'aux six septièmes, parallèle postérieurement ; offrant vers les trois cinquièmes ou les deux tiers, sa plus grande largeur ; à peine aussi large ou un peu moins large dans ce point que les élytres dans leur milieu ; muni latéralement d'un rebord écrasé, ordinairement rétréci ou affaibli postérieurement ; faiblement en arc dirigé en avant et peu ou point sensiblement bissinué, à la base ; muni à celle-ci d'un rebord très-étroit, et ordinairement interrompu ou presque interrompu dans son milieu ; près d'une fois (♀) ou de trois quarts (♂) plus large à son bord postérieur que long dans son milieu ; médiocrement convexe ; uniformément marqué de points à peu près semblables à ceux de la tête. *Ecusson* en triangle obtus, une fois au moins plus large à la base que long dans son milieu ; obsolètement ponctué. *Elytres* peu ou point émoussées à l'angle huméral ; offrant ordinairement à cet angle une dent faible et obtuse dirigée en dehors, plus apparente chez la ♀ que chez le ♂ ; élargies en ligne courbe jusque vers la moitié, rétrécies ensuite, avec l'extrémité obtuse ; à bord supérieur du repli formant une sorte de rebord sur le septième postérieur de leur longueur ; médiocrement convexes ; à stries légères ou peu profondes, linéaires : les deux premières postérieurement plus marquées, par la subconvexité des intervalles, notées de points ne les débordant pas (environ trente-deux à quarante de ces points sur la quatrième). *Intervalles* finement et densement ponctués ; plans ; les deuxième, quatrième et sixième postérieurement rétrécis : les premier, troisième et cinquième plus larges ; les premier et deuxième subconvexes à leur extrémité. *Repli* invisible en dessus presque immédiatement après l'angle huméral, jusqu'aux cinq sixièmes de la longueur ; peu pointillé, souvent ruguleux. *Dessous du corps* plus luisant que le dessus; ponctué et sillonné sur les côtés de l'antépectus; moins grossièrement ponctué sur les médi et postpectus; plus finement ponctué sur le ventre; rayé de quelques rides longitudinales sur la partie antéro-médiaire du premier arceau ventral. *Prosternum* ponctué; offrant vers le milieu des hanches sa plus grande largeur; obtusément tronqué postérieurement; rayé d'un sillon longitudinal médiaire, non prolongé jusqu'à l'extrémité, quelquefois presque oblitéré. *Postépisternums* arqués à leur côté interne, rétrécis à partir de la moitié de leur longueur; râpeux ou rugueusement ponctués. *Pieds* noirs avec les tarses à peine moins obscurs. *Cuisses* ponctuées, ruguleuses: les postérieures peu ou point arquées, canaliculées en dessous sur la presque totalité de leur longueur. *Jambes antérieures* ponctuées; triangulairement élargies depuis la base jusqu'à l'extrémité; aussi larges en devant que les deux cinquièmes de leur arête inférieure; à peine arquées, planes ou plutôt un peu concaves et râpeuses en dessous: les intermédiaires et postérieures, droites, grossièrement ponctuées, râpeuses, spinosules et dentées vers leur tranche externe. *Tarses* filiformes: *premier article des postérieurs* moins long que les deux suivants réunis, sensiblement moins long que le dernier.

Patrie: Cette espèce habite nos provinces du midi. On la trouve depuis les Alpes jusqu'aux Pyrénées. Elle se plaît souvent au bord des champs cultivés. Pendant le jour elle vit cachée; elle ne sort de sa retraite qu'aux approches de la nuit.

Obs. Elle offre des modifications qui en varient la physionomie; le ♂ a généralement le corps moins arqué longitudinalement, moins large et paraissant, par là, plus allongé; le prothorax ordinairement plus large que les élytres: celles-ci, parallèles ou à peu près jusqu'aux trois cinquièmes. Chez la ♀, au contraire, les étuis sont habituellement sensiblement élargis dans leur milieu; au moins aussi larges vers ce point que le prothorax dans son diamètre transversal le plus grand; plus convexes ou plus renflés vers les deux tiers de leur longueur ; mais on trouve des exceptions à ces règles.

Indépendamment de ces différences sexuelles, les divers individus présentent souvent plusieurs autres variations plus ou moins sensibles. Ainsi le prothorax, ordinairement ponctué d'une manière simple ou à peu près, offre parfois, près des côtés, quelque tendance à la réticulation ou se montre même presque réticuleux ; son rétrécissement latéral est tantôt assez brusque, tantôt plus graduel ; cette partie rétrécie, quelquefois presque parallèle, plus habituellement un peu obliquement longitudinale, prend rarement la forme d'une sinuosité ; sa base offre les traces plus ou moins indistinctes ou plus ou moins sensibles d'une double subsinuosité ; son rebord basilaire ordinairement interrompu dans son milieu, est quelquefois visiblement entier ; sa surface offre quelquefois de chaque côté de la ligne médiane, un gros point enfoncé dont la situation varie.

Les élytres ont, surtout chez le ♂, l'angle huméral relevé en forme de dent obtuse d'une manière plus marquée (*Heliopathes humerosus*, Chevrolat) ; chez la ♀, les angles sont habituellement moins saillants et moins rectangulairement ouverts. Les rangées striales de points sont parfois très-légères (*Heliopathes nitidus*, Chevrolat), quelquefois assez faibles (*Heliopathes sublævis*, Solier) ; d'autres fois elles sont plus ou moins prononcées, ou même se transforment en stries.

Quelques individus ♀, se rattachant à ces variations extrêmes, offrent avec les exemplaires typiques des différences assez marquées pour paraître devoir constituer des espèces particulières. Ils ont les élytres peu relevées ou un peu déclives aux angles huméraux, moins ou peu distinctement munies d'une petite dent obtuse à ces angles, et paraissant, par là, plus ovalaires ; quelques-uns de ces exemplaires ont, au lieu de rangées striales, de véritables stries et même rendues quelquefois plus prononcées par la subconvexité des intervalles : les troisième, cinquième et septième de ceux-ci sont souvent alors plus saillants, au moins vers leur extrémité postérieure ; dans ce cas, parfois les cinquième et sixième stries s'unissent près de la base, au lieu de s'avancer parallèlement jusqu'à elle. A ces variations, d'ailleurs assez rares, se rapportent les *Heliopathes proximus* SOLIER et *intermedius* CHEVROLAT, des collections. Ces modifications ne sont évidemment que des variations de l'espèce. On trouve toutes les transitions entre l'état normal et les individus présentant les différences signalées ci-dessus. Nous n'avons jamais vu aucun ♂ montrer ces variations singulières, et l'on trouve réunis, sous la même pierre, des ♂ présentant les caractères généraux de l'espèce, et des ♀ conformes à l'*H. proximus* de Solier.

L'*O. abbreviatus* a beaucoup d'analogie avec l'*O. indiscretus*. Il se distingue de celui-ci par son prothorax moins visiblement subtrisinué à son bord antérieur, plus dilaté sur les côtés, arqué d'une manière obtuse jusque vers les quatre cinquièmes ou cinq sixièmes, et assez brusquement rétréci et parallèle ou subparallèle postérieurement, offrant vers les deux tiers sa plus grande largeur, plus indistinctement entaillé ou sinué vers chaque sixième externe de la base, montrant, par là, les angles postérieurs moins sensiblement dirigés en arrière, à rebord basilaire ordinairement interrompu ; par ses élytres ordinairement plus parallèles, au moins chez le ♂, à partir des angles huméraux, habituellement moins avancées à ces angles, plus convexes à la base et sur le reste de leur surface, plus fortement déclives à leur partie postérieure, marquées de rangées striales formées de points moins ronds ou plus carrés, et séparés longitudinalement les uns des autres par des espaces luisants ; néanmoins la séparation des individus de ces deux espèces offre encore par fois des difficultés.

9. **O. planiusculus.**

Suballongé ; très-faiblement convexe ; d'un noir mat. Prothorax médiocrement arqué sur ses quatre cinquièmes antérieurs, parallèle et plus étroit postérieurement ; assez finement ponctué. Elytres un peu arquées en devant, à la base, entre les deux fossettes humérales ; parallèles jusqu'aux deux tiers ; à rangées striales de points assez petits (environ vingt-huit à trente-trois sur la quatrième); quelquefois distinctement striées. Intervalles pointillés ; plans : les premier, troisième et septième, obtusément saillants à l'extrémité. Prosternum plan ou obsolètement marqué d'une fossette.

Heliopathes planiusculus, (Chevrolat) *in* litter.

Long. 0,0112 (5 l.) Larg. 0,0042 (1 7/8 l.)

Corps suballongé ; très-faiblement convexe ; d'un noir mat. *Tête* densement ponctuée ; déprimée sur le milieu de la suture frontale. *Antennes* prolongées jusqu'aux trois cinquièmes (♀) ou aux trois quarts (♂) des côtés du prothorax ; épaisses ; submoniliformes à partir du sixième ou du septième articles ; noires, graduellement moins obscures, souvent fauves à l'extrémité. *Prothorax* échancré en arc régulier, en devant ; médiocrement arqué sur les quatre cinquièmes antérieurs de ses côtés, parallèle et plus étroit postérieurement ; offrant soit vers la moitié, soit parfois avant ou après celle-ci, sa plus grande largeur ; sensiblement plus large dans ce point que les élytres ; muni latéralement d'un rebord uniforme , assez étroit, peu ou point saillant ; sensiblement en arc dirigé en avant, offrant de faibles marques des sinuosités, à la base ; muni à celle-ci d'un rebord très-étroit et non interrompu dans son milieu ; faiblement convexe ; uniformément et assez finement ponctué ; non réticuleux. *Ecusson* en arc ou en triangle transverse. *Elytres* émoussées à l'angle huméral et embrassant un peu les angles postérieurs du prothorax ; en ligne un peu arquée en devant, d'une fossette humérale à l'autre, à la base ; parallèles jusqu'aux deux tiers ; faiblement ou très-faiblement convexes ; à rangées striales de points assez petits, souvent affaiblis en devant et vers l'extrémité (environ 26 à 33 sur la quatrième rangée) : les première et deuxième ordinairement légèrement striées : les troisième et sixième postérieurement unies en enclosant les quatrième et cinquième. *Intervalles* plus ou moins superficiellement pointillés ; plans : les sutural, troisième et septième, obtusément saillants à leur extrémité : le troisième, lié au septième. *Repli* ordinairement un peu visible jusqu'au huitième de la longueur, quand l'insecte est examiné en dessus. *Dessous du corps* souvent presque lisse sur les côtés des hanches antérieures, ponctué, ridé, superficiellement sillonné, ou parfois marqué de points unis en sillons sur la moitié externe de l'antépectus. *Prosternum* pointillé ; subconvexe, plan ou obsolètement creusé d'une fossette. *Cuisses postérieures* à peine arquées ; non canaliculées en dessous sur la plus grande partie de leur longueur. *Jambes* médiocrement dilatées : les intermédiaires planes, ponctuées et non sillonnées sur leur arête externe. *Tarses* un peu épais.

PATRIE : Les environs de Tanger, (collect. Chevrolat, Deyrolle).

♂. Inconnu.

♀. *Tarses* grèles.

OBS. Nous l'avons reçu de feu Solier sous le nom de *Heliopathes nivalis* (RAMBUR), et il paraît avoir été appelé *cylindricus* par le même écrivain marseillais, dans les cartons du Muséum de Paris.

Quelquefois les rangées striales des élytres sont transformées en légères stries ; les intervalles de ces stries ou rangées striales sont moins superficiellement pointillés, et le rebord supérieur du repli, formant la tranche marginale, au lieu d'être visible jusqu'au huitième de la longueur, est peu apparent après l'angle huméral ; mais ces différences ne sont vraisemblablement que de légères modifications de l'espèce. L'*O. planiusculus* se distingue de tous les précédents par ses élytres offrant leur base en arc faiblement dirigé en avant, depuis une fossette humérale jusqu'à l'autre, disposition qui se montrera plus prononcée dans le genre suivant ; par ses étuis parallèles à partir de l'angle huméral jusqu'aux deux tiers de leur longueur, offrant le bord supérieur du repli généralement visible jusqu'au sixième ou un peu plus de sa longueur ; par le prosternum plan ou creusé seulement d'une fossette obsolète.

Quelquefois les jambes intermédiaires offrent les traces d'un sillon, sur leur arête dorsale.

10. O. viaticus.

Suballongé ; très-faiblement convexe ; d'un noir mat ou presque mat. Prothorax médiocrement arqué sur les cinq sixièmes antérieurs, subparallèle et plus étroit, postérieurement ; à rebord basilaire non interrompu ; assez finement ponctué. Elytres un peu arquées en devant, à la base, entre les deux fossettes humérales ; faiblement élargies jusqu'au septième de leur longueur, avec le bord du repli visible en dessus jusqu'à ce point, parallèles ensuite jusqu'aux deux tiers ; à rangées striales de points assez petits (environ 30 sur la quatrième). Intervalles pointillés ; plans : les premier et troisième saillants à l'extrémité. Prosternum sillonné.

Long. 0,0123 (5 l.). Larg. 0,0045 (2 l.)

Patrie : l'Espagne, (collect. Deyrolle).

♂. *Cuisses* et *jambes* toutes glabres, en dessous. *Tarses* garnis en dessous de poils fauves : les deuxième et troisième articles des antérieurs et moins distinctement le premier des mêmes pieds, faiblement dilatés.

Obs. L'exemplaire unique que nous avons eu sous les yeux, a beaucoup d'analogie avec l'*O. planiusculus*, dont il semblerait n'être qu'une variété ; il paraît cependant s'en distinguer spécifiquement par son prothorax moins parallèle sur les côtés, au devant des angles postérieurs et plus brièvement rétréci au devant de ces angles ; un peu moins finement ponctué ; par ses élytres un peu élargies depuis l'angle huméral jusqu'au point où le bord supérieur du repli est visible, c'est-à-dire jusqu'au septième environ de sa longueur ; par ses rangées striales de points moins petits ; par les premier et troisième intervalles plus saillants postérieurement : le troisième, en toit à son extrémité au lieu d'être convexe comme chez l'espèce précédente, et paraissant à peine lié avec le septième, qui n'est pas sensiblement saillant ; par son prosternum visiblement sillonné longitudinalement sur son milieu. Enfin, chez cet exemplaire, par une particularité qui pourrrait être accidentelle, mais qui semble ne l'être pas, le prothorax au lieu de s'appuyer sur les élytres en est sensiblement écarté et offre ainsi une transition avec la disposition qu'il montrera dans le genre suivant.

Genre *Meladeras*, Méladère.

(μέλας, noir ; δέρας, peau).

Caractères. *Elytres* un peu obliquement coupées d'avant en arrière, c'est-à-dire graduellement écartées du prothorax, depuis le quart externe de leur base jusqu'aux épaules qui, par là, sont obtuses ou plus ouvertes que l'angle droit ; souvent un peu séparées du segment prothoracique même dans leur milieu.

Cette coupe s'éloigne de la précédente, par ses élytres qui se montrent déjà isolées du prothorax, au moins à partir de l'espèce de pédoncule de celui-ci (c'est-à-dire à partir du quart ou du cinquième externe de la base des étuis réunis), et d'une manière graduellement plus sensible à partir de ce point jusqu'à leurs angles huméraux. Les épaules montrent, par là, la disposition à devenir subarrondies, comme elles le sont dans le genre suivant ; mais les Méladères se rattachent encore aux Omocrates, par leur prothorax rétréci et parallèle ou presque parallèle sur le sixième ou cinquième postérieur de ses côtés, et par ses angles à peu près rectangulairement ouverts.

Les ♂ des espèces suivantes qu'il nous a été donné d'observer, ont les cuisses et les jambes toutes glabres en dessous; les trois ou quatre premiers articles des tarses antérieurs et intermédiaires généralement garnis en dessous de poils longs, obliquement inclinés en devant et non en forme de brosses ou sortes de ventouses; les deuxième et troisième articles des tarses antérieurs, et moins sensiblement le premier, faiblement dilatés: les mêmes des intermédiaires peu ou point sensiblement élargis.

α. Elytres offrant les angles huméraux assez prononcés et munis d'une sorte de petite dent, formée par le bord supérieur du repli.

β. Intervalles des stries des élytres assez finement ponctués. *quadratulus.*

ββ. Intervalles des stries des élytres paraissant impointillés à la vue. *obscurus.*

αα. Elytres subarrondies aux épaules et sans dent à celles-ci. *amœnus.*

1 M. quadratulus.

Suballongé; assez médiocrement convexe; noir, un peu luisant. Prothorax arqué sur les côtés jusqu'aux quatre cinquièmes, sinueusement rétréci ou subparallèle ensuite; à angles postérieurs presque rectangulairement ouverts; à peine arqué en devant et bissubsinué, à la base; assez finement ponctué, avec une très-légère tendance à la réticulation. Elytres à peine élargies dans leur milieu; offrant le bord supérieur du repli relevé en petite dent obtuse à l'angle huméral et visible presque jusqu'au huitième; à rangées striales de points assez petits. Intervalles un peu superficiellement pointillés: les troisième et septième, postérieurement subconvexes et saillants.

Dendarus barbarus, Lucas, Explor. sc. de l'Algérie, (anim. articul.), p. 329. 829. (suivant les exemplaires typiques du Muséum).

Heliopathes quadratulus, (Deyrolle), *in litter.*

Long. 0,0100 à 0,0112 (4 1/2 à 5 l.) Larg. 0,0039 à 0,0045 (1 3/4 à 2 l.).

Corps suballongé ; subparallèle ; assez médiocrement convexe ; noir, un peu luisant. *Tête* ponctuée, plus finement et plus densement sur l'épistome que sur le front ; à peine sillonnée sur la suture frontale ; offrant après les yeux un léger sillon transversal, parfois peu distinct. *Antennes* prolongées jusqu'aux trois quarts environ des côtés du prothorax (♀), noires, graduellement moins obscures à l'extrémité. *Prothorax* échancré en arc faiblement bissinué, à son bord antérieur ; peu régulièrement arqué jusqu'aux quatre cinquièmes ou un peu plus de ses côtés, c'est-à-dire élargi en ligne un peu courbe jusqu'aux trois septièmes de sa longueur, offrant vers ce point ou à peu près sa plus grande largeur, rétréci ensuite d'une manière graduelle d'abord, puis brusquement ou d'une manière subsinuée à partir des quatre cinquièmes ou un peu plus, et presque parallèle postérieurement ; à angles postérieurs presque rectangulairement ou peu ouverts ; coupé en ligne à peine arquée en devant, à la base, en formant vers chaque sixième externe de celle-ci, une très-légère entaille ou subsinuosité, offrant, par là, les angles postérieurs un peu dirigés en arrière, mais toutefois la ligne qui forme leur côté basilaire est plus ou moins sensiblement recourbée en devant ; muni sur les côtés d'un rebord peu saillant ; muni à la base d'un rebord plus étroit et peu ou point interrompu ; d'un tiers plus large à la base que long sur son milieu ; médiocrement convexe ; assez finement ponctué, avec une très-légère tendance à la réticulation près des côtés ; luisant sur les intervalles des points. *Ecusson* en triangle, au moins une fois plus large que long ; légèrement pointillé. *Elytres* s'appuyant ordinairement peu sur le prothorax, dans le milieu de leur base ; graduellement plus séparées de ce segment à partir du côté externe du pédicule de celui-ci, c'est-à-dire à partir du quart ou du cinquième externe de leur base ; à angles huméraux assez prononcés et un peu plus ouverts que l'angle droit ; offrant le bord supérieur du repli relevé en forme de petite dent obtuse à ces angles, et visible ensuite en dessus jusqu'au huitième ou un peu moins de sa longueur; peu et brièvement élargies après l'angle huméral, à peine élargies ensuite jusque vers leur moitié; très-médiocrement convexes sur le dos, convexement déclives sur les côtés et à leur partie postérieure; à rangées striales de points assez petits, longitudinalement séparés les uns des autres par un espace égal à une fois ou deux leur diamètre sur la première moitié, plus rapprochés sur la postérieure (environ trente-cinq à quarante-deux de ces points sur la quatrième rangée). *Intervalles* un peu superficiellement pointillés: les sutural, cinquième, et surtout troisième et septième, subconvexes et plus ou moins saillants à leur partie postérieure: les troisième et septième, unis postérieurement en angle aigu. *Dessous du corps* marqué, sur les côtés de l'antépectus, de points assez gros unis en sillons, moins grossièrement ponctué sur le reste. *Prosternum* sillonné.

Patrie : l'Algérie, (Muséum de Paris *type*; collect. Deyrolle).

Obs. Le prothorax offre souvent le rebord basilaire entier, parfois il semble presque interrompu; sa ponctuation varie un peu, mais en général les intervalles des points sont un peu luisants et montrent, surtout près des côtés, quelque tendance à la réticulation. Les intervalles des stries des élytres sont ordinairement plans sur la majeure partie de leur longueur, mais parfois les troisième, cinquième et septième sont moins plans, très-légèrement subconvexes, et plus ou moins sensiblement un peu moins plans ou plus élevés que les autres, sur toute leur longueur; la ponctuation de ces intervalles varie un peu: toujours visible à la vue ou à une faible loupe, elle a quelquefois de la tendance à se montrer légèrement ruguleuse.

Nous n'avons pu adopter le nom donné par M. Lucas, ce nom spécifique ayant été appliqué par Erichson à une autre espèce de Pandarite.

2. M. obscurus.

Suballongé : subparallèle ; assez faiblement convexe ; d'un noir mat. Prothorax arqué sur les côtés jusqu'aux quatre cinquièmes ou un peu plus, sinueusement rétréci ou subparallèle ensuite ; légèrement en arc dirigé en devant et subsinué vers chaque sixième externe, à la base ; à angles postérieurs presque rectangulairement ouverts ; pointillé. Elytres subparallèles jusqu'aux deux tiers ; offrant le bord supérieur du repli relevé en petite dent obtuse à l'angle huméral et visible jusqu'au huitième ; à rangées striales de points assez petits. Intervalles paraissant impointillés à la vue ; plans : les troisième et septième postérieurement subconvexes et saillants,

Dendarus obscurus, (Gaubil). Catal. 219. (suivant l'exemplaire typique).

Long. 0,0100 à 0,0112 (4 1/2 à 5 l.) Larg. 0,0039 à 0,0045 (1 3/4 à 2 l.).

Patrie : l'Algérie, (collect. Gaubil, Godart).

Obs. Cette espèce a beaucoup d'analogie avec le *M. quadratulus* ; elle semble cependant s'en distinguer par son prothorax mat ou à peu près ; plus finement ponctué et offrant les intervalles des points plans au lieu d'être légèrement relevés ; par le bord postérieur coupé en ligne un peu plus sensiblement arquée en devant, dans ses deux tiers médiaires, offrant les légères entailles ou sinuosités plus marquées, et par le côté postérieur des angles de derrière en ligne un peu courbée en arrière ; par la raie servant de limite en devant au rebord basilaire, plus faible après les sinuosités et dilatée au devant de celles-ci en forme de dent ; par ses élytres à peu près parallèles (au moins chez le ♂), depuis le dixième jusqu'aux deux tiers de leur longueur, plus faiblement convexes sur le dos, plus abruptement déclives postérieurement ; par les intervalles des stries des élytres non luisants, plans sur la majeure partie de leur longueur, paraissant impointillés à la vue simple, ainsi que le repli.

3. M. amœnus.

Suballongé ; assez faiblement convexe ; d'un noir mat. Prothorax arqué sur les cinq sixièmes de ses côtés, et assez brusquement rétréci et parallèle ensuite ; médiocrement convexe ; densement et finement ponctué. Elytres séparées du prothorax par un intervalle ; obliquement coupées depuis le quart externe de leur base jusqu'aux épaules ; subarrondies à celles ci ; presque planes sur le dos, convexement déclives sur les côtés ; à rangées striales de points assez petits. Intervalles visiblement et assez finement ponctués.

Dendarus amœnus, Gaubil, Cat. p, 219. (Suivant l'exemplaire typique).

Long. 0,0100 (4 1/2 l.) Larg. 0,0036 (1 2/3 l.).

Corps suballongé ; assez faiblement convexe ; d'un noir mat. *Tête* ruguleusement ponctuée sur l'épistome et d'une manière plus fine sur sa partie postérieure; peu ou point déprimée sur la suture frontale ; marquée après les yeux d'un sillon transversal un peu anguleusement dirigé en avant. *Antennes* prolongées à peine jusqu'aux deux tiers ou trois quarts (♂) des côtés du prothorax ; noires, avec les derniers articles graduellement fauves. *Prothorax* échancré en arc bissubsinueux , en devant ; médiocrement arqué sur les côtés jusqu'aux cinq sixièmes ou six septièmes de sa longueur, sinueusement et assez fortement rétréci à partir de ce point , presque parallèle vers l'extrémité de ses bords latéraux ; médiocrement convexe ; densement et finement ponctué. *Ecusson* en triangle une fois et demie plus large que long, obtus à son extrémité postérieure. *Elytres* séparées du prothorax, même dans leur partie médiaire, par un intervalle ; graduellement plus détachées de celui-ci, depuis le quart externe de leur base, jusqu'aux épaules ; subarrondies à celles-ci, n'offrant pas ou offrant à peine les traces d'un angle prononcé , à ces dernières ; à bord supérieur du repli invisible en dessus;

parallèles jusqu'aux deux tiers ; presque planes sur le dos, subconvexement déclives sur les côtés et à leur partie postérieure ; à rangées striales de points assez petits, longitudinalement séparés les uns des autres par un espace deux fois aussi grand que leur diamètre sur la moitié antérieure, plus rapprochés postérieurement (environ 33 à 35 de ces points sur la quatrième rangée) : les première et deuxième rangées converties en stries assez faibles à leur partie postérieure. *Intervalles* finement ponctués (ces points très-visibles à la vue simple ou à une faible loupe) ; plans : les sutural, septième, neuvième et surtout le troisième, subconvexes et assez faiblement saillants à leur partie postérieure. *Dessous du corps* marqué, sur les côtés de l'antépectus, de points unis en sillons, ponctué sur le reste. *Prosternum* sillonné.

Patrie : l'Algérie, (collect. Gaubil).

Obs. Cette espèce se distingue des deux précédentes, par ses épaules arrondies à l'angle huméral, n'offrant pas cet angle muni d'une sorte de petite dent ; par le bord supérieur du repli peu ou point visible en dessus, après les épaules.

La ponctuation des intervalles est d'ailleurs moins faible, plus visible et plus serrée.

QUATRIÈME RAMEAU.

LES HÉLIOPATHATES.

Caractères. *Yeux* au moins aussi longs qu'ils sont larges, dans leur partie visible en dessus ; coupés par les joues. *Prothorax* séparé des élytres par un intervalle ; écointé ou fortement rétréci en ligne oblique depuis les deux tiers ou cinq septièmes de ses côtés jusqu'à sa base ; en ligne droite ou un peu arquée en devant, à cette dernière, avec les sinuosités basilaires peu ou point marquées. *Elytres* plus ou moins arrondies à l'angle huméral.

A ces caractères on peut ajouter :

Tête plus ou moins enfoncée dans le prothorax ; chargée, au côté interne des yeux, d'un pli plus ou moins saillant ; peu ou point déprimée sur la suture frontale. *Antennes* moins longuement prolongées que les côtés du prothorax ; graduellement subcomprimées et grossissant un peu vers l'extrémité ; à troisième article de moitié environ plus long que le suivant : les neuvième et dixième au moins plus larges que longs. *Prothorax* échancré en arc dirigé en arrière, à son bord antérieur : cette échancrure tantôt assez régulière, tantôt offrant une sinuosité postoculaire plus ou moins sensible, et souvent une autre moins faible dans le milieu ; plus ou moins irrégulièrement arqué sur les côtés, c'est à-dire élargi en ligne courbe, jusque vers les deux tiers ou cinq septièmes, offrant ordinairement dans ce point un angle plus ou moins émoussé et très obtus ou très-ouvert, puis obliquement coupé ou rétréci jusqu'à la base, d'un tiers au moins plus large que long. *Elytres* rétrécies au moins à partir des trois cinquièmes ou deux tiers, en ogive obtuse et subsinuée postérieurement ; rebordées aux épaules, et jusqu'au sixième ou au cinquième de la longueur, par le bord supérieur du repli. *Dessous du corps* marqué sur les côtés de l'antépectus de points assez gros, unis en forme de rides ou de sillons ; assez densement ponctué sur les autres parties pectorales et plus finement sur le ventre. *Prosternum* en général obtusément tronqué à sa partie postérieure, et creusé d'un sillon longitudinal, quelquefois en partie oblitéré ou raccourci. *Pieds* médiocres ; simples. *Jambes antérieures* comprimées, graduellement élargies depuis la base jusqu'à l'extrémité, râpeuses et presque planes en dessous : les autres, grossissant faiblement depuis la base jusqu'à l'extrémité, grossièrement ponctuées dans leur seconde moitié, parfois denticulées et en partie denticulées sur la moitié postérieure de leur arête dorsale. *Corps* très-médiocrement convexe.

Ce rameau est réduit au genre Heliopathe.

GENRE *Heliopathes*, HELIOPATHE, Mulsant (1).

CARACTÈRES. Voyez ceux du rameau.

Les ♂ ont les cuisses intermédiaires presque glabres : les cuisses postérieures, les jambes intermédiaires et postérieures garnies en dessous de longs cils ; les trois premiers articles des tarses antérieurs garnis en dessous de sortes de ventouses : les articles des tarses suivants munis en dessous de longs poils disposés sur deux rangées : les deuxième et troisième articles des tarses antérieurs fortement dilatés : les mêmes des intermédiaires, à peine plus larges ou moins grêles que les autres.

Les ♀ ont les cuisses et les jambes glabres en dessous, tous les tarses grêles et garnis en dessous de chaque article de poils moins longs que chez le ♂.

De tous les genres de Parvilabres décrits jusqu'ici, celui d'*Heliopathes* présente sans contredit le plus de difficultés pour la distinction des espèces ; car non-seulement elles offrent généralement entre elles des différences assez faibles, mais les caractères servant à les séparer se modifient souvent chez les individus de la même espèce, au point de rendre très-équivoques les différences caractéristiques. Ainsi quelquefois le prothorax est

(1) Feu le comte Dejean avait établi dans son catalogue (1821, p. 65), sous le nom d'*Heliophilus*, une coupe renfermant des espèces appartenant à divers groupes de nos Heliopathaires ; plus tard (1833 catal. p. 191), il transforma en *Heliopathes* le nom de *Heliophilus* antérieurement appliqué à une coupe d'insectes diptères de la famille des Syrphiens. Le genre *Heliopathes* a été resserré dans des limites plus étroites et plus précises, (Hist. nat. des coléopt. de France (*Latigènes*), p. 157).

plus ou moins arrondi vers les cinq septièmes de ses côtés, ou offre un angle émoussé; ses angles postérieurs, parfois très-prononcés, se montrent d'autres fois plus ou moins obtus; sa ponctuation tantôt réduite, même près des côtés, à offrir une tendance plus ou moins faible à la réticulation, constitue d'autres fois un véritable réseau. Les rangées striales de points ou les stries ponctuées des élytres, suivant la manière dont elles sont prononcées, et les intervalles de ces stries, suivant la finesse de leur ponctuation et l'état de leur surface, contribuent surtout à opérer des modifications plus capables de tromper un œil peu exercé. Souvent, en effet, ces intervalles sont plans en majeure partie chez la ♀, tandis que les troisième, cinquième et septième se montrent, principalement chez le ♂, subconvexes ou sublectiformes d'une manière affaiblie d'arrière en avant, mais prolongeant leur convexité plus ou moins près de la base. Les stries, par suite de ces variations, se montrent plus profondes et s'éloignent ainsi de leur état normal. Si l'on ajoute que chez les ♂ le prothorax est généralement plus large, les élytres plus étroites, plus parallèles, et souvent au point d'offrir un faciès très-sensiblement différent de celui de la ♀, on comprendra facilement combien offre de difficultés la séparation des espèces, difficultés qui, pour être complètement résolues, ont besoin d'études locales attentivement suivies.

1. H. lusitanicus; Herbst.

Noir, presque mat sur le prothorax, un peu luisant sur les élytres. Prothorax subarrondi ou fortement arqué sur les côtés, n'offrant pas ou offrant à peine les traces d'un angle oblus vers les cinq septièmes de ceux-ci; très-émoussé ou subarrondi aux angles postérieurs; à rebord marginal écrasé ou comme nul; en ligne droite et à peu près sans rebord, à la base; réticuleux près des côtés. Elytres à stries ponctuées (vingt-huit à trente cinq points sur la quatrième), souvent subsulciformes. Intervalles assez finement et peu densement ponctués; ordi-

nairement subconvexes : les premier, troisième, cinquième et septième postérieurement saillants.

Tenebrio lusitanicus, Herbst, Naturs (Kaef) t. 7, p. 244, 4, pl. 111, fig. 4.

Long. 0,0123 (5 1/2 l.) (♂), 0,0107 (4 3/4 l.) (♀). Larg. 0,0045 (2 l.) (♂), 0,0049 (2 1/6 l.) (♀).

Patrie : le Portugal et les parties méridionales de l'Espagne, (collect. Aubé, Chevrolat, Deyrolle, Godart, de Kiesenwetter, Reiche, Schaum; Muséum de Paris).

Obs. Cette espèce se distingue de toutes les autres, par son prothorax subarrondi ou fortement arqué sur les côtés, n'offrant pas ou offrant à peine vers les deux tiers ou cinq septièmes de ceux-ci les traces d'un angle très-émoussé ; subarrondi ou émoussé aux angles postérieurs; muni latéralement d'un rebord écrasé ou à peu près nul, surtout depuis les deux tiers jusqu'aux angles postérieurs; en ligne à peu près droite et à peu près sans rebord, à la base; réticuleux entre le dos et les côtés, mais à réseau écrasé ou non tranchant ; par ses élytres à stries marquées d'assez gros points; par ses intervalles marqués de points assez ou médiocrement petits et séparés les uns des autres par un espace à peu près double de leur diamètre. Ces intervalles sont généralement plus ou moins subconvexes en devant chez les ♀, et rendent alors les stries plus profondes ou subsulciformes ; chez les ♂, ils se rapprochent davantage de la surface plane et parfois sont presque entièrement plans, et les stries sont nécessairement alors plus faibles. Néanmoins les caractères fournis par le prothorax suffisent généralement pour permettre de reconnaître facilement l'espèce.

2. H. cribrato-striatus.

Oblong ; très-médiocrement convexe ; luisant. Prothorax irrégulièrement arqué sur les côtés, subanguleux et offrant sa plus grande largeur vers les cinq septièmes de ses côtés, ordinairement légèrement subsinué entre ce point et les angles postérieurs qui sont assez prononcés; muni d'un rebord latéral un peu saillant; presque réticuleux près des côtés. Elytres à rangées striales de points mi-fossettes, souvent en partie linéairement allongés (seize à vingt-trois sur la quatrième strie). Intervalles un peu superficiellement pointillés : les troisième, cinquième et septième, saillants postérieurement: le troisième, souvent subconvexe sur la majeure partie de la longueur.

Heliopathes cribrato-striatus, (Chevrolat) *in* litter.
Heliopathes Goudoti, (Solier) *in* Mus. Paris.
Heliopathes tangerianus, (Deyrolle) *in* litter.

Long. 0,0095 à 0,0112 (4 1/4 à 5 l.) Larg. 0,0036 à 0,0050 (1 2/3 à 2 l.)

Patrie : les environs de Tanger et quelques autres endroits de l'Algérie.

Obs. Cette espèce offre encore des moyens de distinction assez faciles dans la grosseur, et le petit nombre des points des rangées striales ou légères stries de ses élytres. Elle a le front semi-réticuleusement ponctué ; le prothorax échancré en devant d'une manière subtrisinuée, élargi en ligne courbe jusqu'aux cinq septièmes, offrant vers ce point un angle émoussé très-ouvert, rétréci ensuite en ligne presque droite ou plutôt un peu subsinuée jusqu'aux angles postérieurs qui sont assez prononcés, en ligne légèrement arquée en devant à la base, offrant souvent vers chaque cinquième ou sixième externe les traces d'une sinuosité ; muni sur les côtés d'un rebord saillant, muni à la base d'un rebord très-étroit, interrompu dans son tiers médiaire, presque réticuleusement ponctué près des côtés ; les élytres marquées de faibles stries ou de rangées striales de points plus ou moins gros, séparés longitudinalement les uns des autres par un espace double de leur diamètre, au moins sur leur première moitié, souvent linéairement allongés; les intervalles un peu superficiellement pointillés ou finement ponctués.

Le troisième de ces intervalles est parfois plus ou moins subconvexe, et conséquemment un peu plus élevé sur toute sa longueur ou sur presque toute sa longueur ; d'autres fois il n'est pas plus saillant que les autres jusqu'aux trois cinquièmes ou deux tiers.

3. H. interstitialis.

Noir, peu luisant. Prothorax trisubsinuément échancré en devant ; très-obtusément anguleux vers les cinq septièmes de ses côtés, rétréci ensuite en ligne très-légèrement sinuée ; à angles prononcés ; muni d'un rebord basilaire un peu saillant ; à rebord basilaire ordinairement peu interrompu ; ponctué, presque réticuleux près des côtés. Elytres, arrondies aux épaules, à stries très-légères ou à rangées striales de points médiocres (vingt-huit à trente sur la quatrième). Intervalles peu densement pointillés : les troisième, cinquième et septième graduellement saillants ou un peu en toit à partir du tiers ou de la moitié de leur longueur.

Heliopathes interstitialis, (CHEVROLAT), GAUBIL, Catal. p. 219 (type).

Long. 0,0100 à 0,0123 (4 1/2 à 5 1/2 l.). Larg. 0,0036 à 0,0045 (1 2/3 à 2 l.).

PATRIE : l'Algérie, (collect. Deyrolle, Gaubil, Godart).

OBS. Cette espèce a quelque analogie avec les *H. cribratostriatus* et *transversalis*. Elle se distingue du premier par les rangées striales de ses élytres marquées de points moins gros et plus nombreux, et du second, par ses élytres arrondies aux épaules ; de tous les deux, par ses troisième, cinquième et septième intervalles graduellement saillants à partir de la moitié au moins de leur longueur : le troisième parfois presque depuis la base. L'*H. interstitialis* a le prothorax échancré en devant d'une manière trisubsinuée, très-obtusément anguleux vers les cinq septièmes, en général légèrement sinué près des angles postérieurs qui sont prononcés, sans rebord sur le cinquième ou le quart médiaire de sa base ; les élytres n'offrant ordinairement que des rangées striales de points, chez le ♂, au moins jusqu'aux deux tiers de la longueur, souvent montrant, chez la ♀, des stries légères et linéaires ; les intervalles pointillés, ordinairement d'une manière superficielle.

4. H. transversalis.

Oblong ; subparallèle ; médiocrement convexe ; noir, luisant. Prothorax subarrondi ou très-obtusément anguleux vers les cinq septièmes de ses côtés, à peine subsinué près des angles postérieurs qui sont assez prononcés ; muni d'un rebord latéral peu saillant ; en ligne droite et rebordé sur le quart externe de la base, sans rebord et un peu arqué en devant sur le tiers médiaire de celle-ci, finement ponctué, surtout sur le dos. Elytres à angle huméral émoussé et un peu ouvert ; à stries peu profondes ou réduites à des rangées striales de points (trente-trois à trente-huit sur la quatrième). Intervalles assez finement ponctués : les troisième, cinquième et septième postérieurement saillants.

Heliopathes transversalis, (CHEVROLAT) *in litter.*

Long. 0,0112 à 0,0123 (5 à 5 1/2 l.). Larg. 0,0056 (2 1/2 l.).

PATRIE : l'Espagne, (collect. Chevrolat, Deyrolle).

OBS. Cette espèce se distingue en général de toutes les autres, par son corps subparallèle, même chez la ♀ ; par les angles huméraux de ses élytres émoussés, mais seulement un peu plus ouverts que l'angle droit, au lieu d'être subarrondis ; par son prothorax superficiellement pointillé sur le dos, finement ponctué et non réticuleux près des côtés, coupé à peu près en ligne droite sur le quart externe ou un peu plus et muni sur cette partie d'un rebord étroit, coupé en arc faible et dirigé en avant et sans rebord sur la partie intermédiaire.

L'*H. transversalis* a le front assez finement ponctué, non réticuleux ; le prothorax subtrisinuément échancré en devant, mais avec les faibles sinuosités parfois peu marquées ; les stries des élytres tantôt réduites à des rangées striales de points, surtout sur la moitié externe, tantôt plus ou moins prononcées (les deux premières surtout); les intervalles assez finement et peu profondément ponctués, tantôt presque plans, tantôt plus ou moins subconvexes et rendant alors les stries plus prononcées : le troisième, parfois un peu saillant sur presque toute sa longueur; le prosternum creusé d'une fossette sulciforme, à partir de la moitié des hanches au moins, tronqué à l'extrémité; les jambes intermédiaires sillonnées et denticulées sur la moitié postérieure de leur arête.

5. H. montivagus.

Noir, peu luisant. Prothorax subtrisinuément échancré en devant; arrondi ou à peine anguleux vers les cinq septièmes de ses côtés; à angles postérieurs assez prononcés; à rebord latéral peu saillant, parfois écrasé; assez finement ponctué, avec tendance à la réticulation près des côtés. Elytres subarrondies aux épaules; à rangées striales de très-petits points. Intervalles paraissant à peu près impointillés : les troisième, cinquième et septième à peine saillants à l'extrémité.

Heliopathes montivagus, (Rambur) suivant MM. Aubé et Deyrolle.

Long. 0,0112 à 0,0123 (5 à 5 1/2 l.) Larg. 0,0045 à 0,0050 (2 à 2 1/4 l.)

Patrie : l'Espagne, (collect. Aubé, Deyrolle, Godart).

Obs. Cette espèce est assez facile à distinguer par ses élytres à rangées striales de points très-petits, souvent peu faciles à compter, d'un diamètre à peine plus large que le septième ou le huitième de la largeur d'un intervalle, généralement au nombre de quarante au moins sur la quatrième rangée; surtout par les intervalles paraissant à peu près impointillés, au moins à la vue simple. Elle a la tête ponctuée avec quelque tendance à la réticulation sur le front; le prothorax peu ou point anguleux vers les cinq septièmes de la longueur de ses côtés, tantôt en ligne faiblement courbe depuis ce point jusqu'aux angles postérieurs, tantôt en offrant une très-légère sinuosité, sans traces de rebord basilaire sur le tiers ou la moitié médiaire du bord postérieur, plus finement et plus légèrement ponctué sur le dos que sur les côtés, offrant près de ceux-ci une tendance plus ou moins prononcée à la réticulation.

6. H. avarus.

Noir, ordinairement un peu luisant. Prothorax subtrisinuément échancré en devant ; subarrondi vers les cinq septièmes et subsinué près des angles postérieurs ; muni latéralement d'un rebord graduellement plus épais et plus saillant vers la moitié des côtés, affaibli depuis les cinq septièmes jusqu'aux angles postérieurs qui sont prononcés ; réticuleusement ou presque réticuleusement ponctué, surtout près des côtés. Elytres subarrondies aux épaules ; à rangées striales de points médiocres, séparés longitudinalement par un espace plus grand que leur diamètre (trente à trente-cinq sur la quatrième rangée). Intervalles marqués de points assez petits, assez rapprochés ; plans ou à peu près: les troisième, cinquième et septième à peine saillants vers l'extrémité.

Heliopathes ambiguus ? (Dejean) Catal. (1837) p. 212.

Long. 0,0100 à 0,0112 (4 1/2 à 5 l.). Larg. 0,0045 à 0,0056 (2 à 2 1/2 l.).

Patrie : la Sicile, (collect. Aubé, Deyrolle).

Obs. Cette espèce offre dans la forme et la saillie du rebord latéral du prothorax, dans la subsinuosité voisine des angles postérieurs de celui-ci, dans la grosseur, le peu de rapprochement et le chiffre peu élevé des points des rangées striales des élytres, ses caractères les plus distinctifs.

Elle a la tête presque réticuleusement ponctuée sur le front, peu ou point déprimée sur la suture frontale ; le prothorax subtrisinué à l'échancrure de son bord antérieur, élargi jusqu'aux cinq septièmes, subarrondi dans ce point, rétréci ensuite en ligne presque droite et légèrement sinuée près des angles postérieurs, muni latéralement d'un rebord offrant vers la partie médiaire de sa longueur plus de saillie et plus d'épaisseur, graduellement affaibli depuis les cinq septièmes jusqu'aux angles postérieurs qui sont assez prononcés, coupé en ligne presque droite à la base ou à peine arquée en devant dans le tiers médiaire de celle-ci, sans rebord sur le quart médiaire de cette dernière, offrant parfois vers chaque sixième externe du bord postérieur les traces d'une sinuosité, ponctué assez finement sur le dos, et d'une manière presque réticuleuse près des côtés; les élytres subarrondies aux épaules, ordinairement un peu élargies à celles-ci par le bord du repli, à rangées striales de points d'un diamètre égal environ au quart des intervalles vers le tiers de leur longueur : ces points inégalement rapprochés, longitudinalement séparés les uns des autres sur leur première moitié par un espace plus grand que leur diamètre ou souvent double de celui-ci; les intervalles plans ou à peu près sur la majeure partie de leur longueur, marqués de points assez ou médiocrement petits, séparés les uns des autres par un espace visiblement plus grand que leur diamètre (ordinairement cinq de ces points sur la largeur des premier à quatrième intervalles, vers le tiers de leur longueur); le prosternum presque parallèle depuis les hanches, sillonné.

Cette espèce porte dans quelques collections le nom de *H. ambiguus* (DEJEAN); mais peut-être cette indication est-elle douteuse, car le catalogue de l'entomologiste parisien donne à l'*ambiguus* la Grèce pour patrie.

7. **H. ibericus.**

Noir, luisant. Prothorax subtrisinuément échancré en devant; arqué sur les côtés, c'est-à-dire arrondi vers les cinq septièmes, rétréci ensuite en ligne plus ou moins courbe; à angles postérieurs ordinairement émoussés; muni d'un rebord latéral affaibli postérieurement; ponctué, avec tendance à la réticulation près des côtés. Elytres arrondies aux épaules; à rangées striales de points assez petits (environ trente-cinq à trente-huit sur la quatrième). Intervalles pointillés : les troisième, cinquième et septième, saillants et un peu en toit vers leur extrémité, et ordinairement d'une manière plus affaiblie sur une partie de leur longueur.

Heliopathes hispanicus? (DEJEAN) Catal. (1837) p. 212.

Long. 0,0090 à 0,0112 (4 à 5 l.). Larg. 0,0036 à 0,0045 (1 2/3 à 2 l.).

PATRIE : l'Espagne, (collect. Aubé, Chevrolat, Deyrolle, Godart ; Muséum de Paris).

OBS. Cette espèce se distingue principalement par son prothorax presque régulièrement arqué sur les côtés, c'est-à-dire arrondi ou subarrondi vers les cinq septièmes et rétréci ensuite en ligne plus ou moins courbe ; par les rangées striales de points assez petits, égaux environ au septième de la largeur du troisième intervalle, vers le tiers de sa longueur ; par ses intervalles pointillés, offrant les troisième, cinquième et septième ordinairement légèrement en toit sur une partie de leur longueur.

Mais ces divers caractères se modifient un peu chez des individus paraissant provenir des mêmes localités et constituer la même espèce. Ainsi le prothorax est rétréci tantôt en ligne courbe à partir des cinq septièmes, tantôt d'une manière plus droite : dans le premier cas, les angles postérieurs sont plus ou moins émoussés : dans le second, ils le sont peu. Son rebord basilaire est interrompu à peu près dans son tiers médiaire. Les points des rangées striales, toujours assez petits, sont souvent un peu allongés, et alors séparés longitudinalement les uns des autres par un espace à peine aussi grand que leur diamètre ; d'autres fois ils sont plus arrondis, et alors naturellement l'espace qui les sépare est moins restreint. Les intervalles sont tantôt assez unis, d'autres fois un peu inégaux, légèrement bossués ou subruguleux ; en général, les troisième, cinquième et septième prolongent, plus ou moins près de la base, mais d'une manière affaiblie, d'avant en arrière, leur figure subtectiforme; quelquefois cependant ils en offrent à peine des traces. Ces différentes variations, si elles se rapportent réellement à la même espèce, rendent assez difficiles les limites à assigner à celle-ci.

Peut-être est-ce là le véritable *H. hispanicus* du catal. Dejean, que quelques personnes paraissent avoir confondu avec notre *H. luctuosus*. Il diffère de ce dernier, par ses élytres offrant des rangées striales de points plutôt que de véritables stries; par ses intervalles moins densement ponctués; par les troisième, cinquième et septième offrant, au moins à partir de la moitié de la longueur, une saillie plus ou moins sensible.

Près des *H. montivagus*, *ibericus* et *rotundicollis* paraissent devoir se ranger quelques individus constituant peut-être une espèce particulière (*H. Perroudi*), mais dont nous n'avons eu sous les yeux que quelques individus ♀. Ils ont le prothorax subtrisinuément échancré en devant, très-obtusément anguleux vers les cinq septièmes, à angles postérieurs émoussés; les élytres à rangées striales de points petits, peu faciles à compter ou à apercevoir; les intervalles finement pointillés, plans ou à peu près : les troisième, cinquième et septième faiblement et obtusément saillants vers l'extrémité.

Patrie : l'Espagne, (collect. Chevrolat, Perris, Perroud).

Obs. Le corps est proportionnellement un peu plus large que chez la plupart des autres espèces.

8. **H. rotundicollis**.

Noir, luisant. Prothorax assez régulièrement échancré en devant; subarrondi ou obtusément anguleux vers les cinq septièmes de ses côtés, rétréci en ligne presque droite ou un peu sinuée près des angles postérieurs qui sont prononcés; muni sur les côtés d'un rebord plus saillant dans son milieu; assez finement ponctué, presque réticuleux sur les côtés. Elytres subarrondies aux épaules; à rangées striales de points assez petits (trente-cinq à trente-huit sur la quatrième). Intervalles finement ponctués; plans: le troisième, un peu en toit et saillant vers l'extrémité, et parfois sur une partie de sa longueur: les troisième et septième, à peine saillants à l'extrémité.

Dendarus rotundicollis, Lucas Explor. scient. de l'Algér. (anim. articul.) p. 329. 900. pl. 29. fig. 6. (suivant les exemplaires typiques du Muséum de Paris).

Long. 0,0100 à 0,0106 (4 1/2 à 4 3/4 l.). Larg. 0,0036 à 0,0042 (1 2/3 à 1 7/8 l.).

Patrie: l'Algérie et les parties méridionales de l'Espagne, (Muséum de Paris *type*; collect. Chevrolat, Deyrolle).

Obs. Cette espèce se distingue principalement par son prothorax généralement échancré d'une manière assez régulière en devant, c'est-à-dire n'offrant pas ou offrant à peine les traces des trois sinuosités qu'on voit chez beaucoup d'autres; muni d'un rebord latéral plus saillant que chez la plupart des autres, surtout dans le tiers médiaire des bords latéraux; assez finement ponctué sur le dos, ponctué d'une manière presque réticuleuse près des côtés; par ses élytres à rangées striales de points assez petits (cinq fois environ plus étroits que le diamètre du troisième vers le tiers de sa longueur), séparés les uns des autres sur la première moitié de la quatrième strie par un espace à peu près double de leur diamètre; par ses intervalles finement ponctués, offrant les cinquième et septième à peine saillants vers leur extrémité.

Le prothorax, à partir des deux cinquièmes des élytres jusqu'aux angles postérieurs, se rétrécit souvent en ligne légèrement courbe d'abord, puis presque droite ou faiblement sinuée; d'autres fois en ligne presque droite sur toute sa longueur et moins insensiblement sinuée près des angles : dans ce dernier cas, le prothorax est moins arrondi vers les cinq septièmes ou plus sensiblement rapproché d'un angle très-émoussé. Les intervalles des stries des élytres sont ordinairement plans, sur la majeure partie de leur longueur, surtout chez la ♀ ; mais souvent, chez le ♂ surtout, le troisième intervalle est légèrement saillant ou un peu en toit sur une grande partie de sa longueur; parfois même les cinquième et septième ont une tendance plus ou moins prononcée à montrer une légère saillie tectiforme.

9. **H. agrestis**.

Noir, peu luisant. Prothorax échancré en devant en arc régulier ou obtus; subarrondi ou peu anguleux vers les cinq septièmes, rétréci ensuite en ligne presque droite; à angles postérieurs à peine émoussés; muni d'un rebord latéral étroit et un peu saillant; un peu finement ponctué, avec tendance à la réticulation ou presque réticuleux sur les côtés. Elytres subarrondies aux épaules, à stries prononcées ou subsulciformes, marquées de points crénelant un peu les intervalles (vingt-cinq à trente sur la quatrième). Intervalles densement et assez finement ponctués, plus ou moins ruguleux, très-médiocrement convexes en devant: les troisième, cinquième et septième plus saillants surtout postérieurement.

Heliopathes agrestis (Dej.). Catal. (1833).p. 191. — Id. (1837). p. 212 (suivant MM. Chevrolat et Deyrolle).

Long. 0,0090 à 0,0100 (4 à 4 1/2 l.), Larg 0,0033 à 0,0036 (1 1/2 à 1 2/3 l.).

Patrie: les parties méridionales de l'Espagne, (collect. Aubé, Chevrolat, Deyrolle).

Obs. Cette espèce se distingue assez facilement de toutes les autres par son corps proportionnellement plus étroit, surtout chez le ♂; par son prothorax non subtrisinué en devant, c'est-à-dire échancré en arc soit régulier, soit obtus ou presque en ligne droite dans sa partie médiaire; par les stries de ses élytres rendues plus ou moins subsulciformes, suivant le plus ou moins de convexité des intervalles; par ces derniers généralement ruguleux et densement ponctués, subconvexes même en devant et d'une manière plus sensible postérieurement; par son prosternum creusé d'un sillon large et pointillé, naisssant au niveau de la partie antérieure des hanches.

Les points assez fins dont les intervalles des stries des élytres sont marqués, sont ordinairement plus rapprochés les uns des autres que le diamètre de l'un d'eux, mais quelquefois, surtout chez les ♀, les intervalles sont moins ruguleux, les points plus petits et conséquemment moins rapprochés.

Les individus chez lesquels les stries sont devenues plus profondes par la convexité plus prononcée des intervalles, correspondent à l'*H. striato-foratus* de M. Deyrolle.

10. **H. luctuosus**, Le-Peletier-Saint-Fargeau et A. Serville.

Noir, luisant. Prothorax échancré en devant en arc à peine subtrisinué ; subarrondi ou très-obtusément anguleux vers les deux tiers ou un peu plus de ses côtés, rétréci ensuite en ligne peu ou point subsinuée ; à angles postérieurs peu ou point émoussés ; muni sur les côtés d'un rebord étroit, saillant, affaibli vers son extrémité ; ponctué avec tendance à la réticulation ou presque réticuleux près des côtés. Elytres subarrondies aux épaules ; à stries distinctes, ponctuées (trente-trois à trente-huit points sur la quatrième). Intervalles assez finement et densement ponctués, subruguleux, presque plans en devant : les troisième, cinquième et septième saillants vers leur extrémité : le troisième souvent légèrement en toit sur une partie de sa longueur.

Pedinus luctuosus, Le-Peletier-Saint-Fargeau et A. Serville, Encycl. méthodique t. 10. p. 27, 9. (suivant l'exemplaire typique existant dans la collection de M. Chevrolat).

Heliopathes hispanicus, (Dej.) Catal. (1837) p. 212, suivant Solier.

Heliopathes luctuosus, Mulsant, Hist. nat. des Coléopt. de Fr. (Latigènes) p. 219.

Long. 0,0090 à 0,0100 (4 à 4 1/2 l.). Larg. 0,0033 à 0,0045 (1 1/2 à 2 l.).

Patrie : le midi de la France; l'Espagne septentrionale,(collect. de Kiesenwetter) ; la Grèce, (collect. Reiche).

Obs. Cette espèce a pour caractères distinctifs principaux d'avoir le prothorax peu ou point sensiblement échancré dans le milieu de son bord antérieur ; les élytres visiblement quoique peu profondément striées, à stries linéaires égales environ au septième de la largeur du troisième intervalle, vers le tiers de sa longueur; les intervalles marqués de points assez petits, séparés les uns des autres par un espace à peine égal à leur diamètre.

Ordinairement le rebord basilaire ne dépasse pas le cinquième externe du bord postérieur ou dépasse peu ce point. Les intervalles des stries des élytres sont généralement plans en devant et jusqu'aux deux tiers environ ; cependant quelquefois le troisième et même le cinquième se montrent très-légèrement en toit obtus à partir du quart ou même moins de la longueur. Le prosternum est souvent creusé d'un sillon large et peu profond ; d'autres fois il ne montre pas de traces de sillon.

Nous avons vu dans la collection de M. de Kiesenweter un individu provenant des environs de Figueras, ayant beaucoup d'analogie avec le *luctuosus*, mais en différant par une taille proportionnellement un peu plus courte ; par son prothorax plus sensiblement subsinué près des angles postérieurs ; par ses stries marquées de points un peu plus écartés et conséquemment moins nombreux (environ vingt-huit sur la quatrième); par son prosternum moins largement sillonné et paraissant plus visiblement muni d'un léger rebord, mais vraisemblablement cet individu qui semblerait constituer une espèce spéciale (*Heliopathes rupestris*) n'est-il qu'une légère variété de l'*H. luctuosus*.

11. H. emarginatus; Fabricius.

Noir, luisant. Prothorax subtrisinuément échancré en devant ; obtusément anguleux vers les cinq septièmes de ses côtés, rétréci ensuite en ligne droite ou subsinuée ; à angles postérieurs prononcés ; muni d'un rebord latéral assez étroit, sensiblement saillant ; ponctué, avec tendance à la réticulation surtout près des côtés. Elytres arrondies aux épaules ; à stries ordinairement réduites en devant à des rangées striales de points (trente-cinq à trente-huit sur la quatrième). Intervalles pointillés, un peu ridés : les troisième, cinquième et septième plus sensiblement subconvexes en devant que les autres, progressivement saillants vers leur extrémité.

Blaps emarginata, FABRICIUS, Entom. syst. t. 1. p. 108, 9. — Id. Syst. Eleuth. t. 1, p. 142, 10 (suivant l'exemplaire typique). — HERBST, Naturs. (KAEF.) t. 8. p. 194. 15. — SCHOENH. Syn. ins. t. 1. p. 145. 13.

Heliopathes subvariolosus. LUCAS, Explor. scient. de l'Algér. (anim. articulés). p. 330. 901. (suivant l'exemplaire typique existant au Muséum de Paris).

Long. 0 0106 à 0,0123 (4 3/4 à 5 1/2 l.). Larg. 0,0045 à 0,0056 (2 à 2 1/2 l.).

Corps oblong; d'un noir luisant. *Tête* couverte de points presque ronds, très-serrés; obsolètement déprimée transversalement sur la suture frontale et après les yeux. *Antennes* prolongées à peine jusqu'aux deux tiers des côtés du prothorax; noires, avec la dernière moitié du onzième article d'un fauve testacé; à troisième article de moitié plus long que le quatrième: les quatre derniers plus larges que longs: le dernier, turbiné. *Prothorax* échancré en arc subtrisinué à son bord antérieur; irrégulièrement arqué sur les côtés, obtusément anguleux ou subarrondi vers les cinq septièmes de ses côtés et rétréci ensuite en ligne presque droite, jusqu'aux angles postérieurs, qui sont très-ouverts et prononcés; muni latéralement d'un rebord assez étroit, à peu près uniforme, sensiblement saillant; en ligne presque droite ou à peine arquée en devant, à la base; muni à celle-ci d'un rebord léger et très-étroit, interrompu dans son tiers ou son quart médiaire; de moitié environ plus large à la base que long dans son milieu; assez faiblement convexe; couvert sur le dos de points analogues à ceux de la tête, mais presque réticuleux sur les côtés ou offrant une tendance à la réticulation. *Ecusson* en triangle obtus; pointillé. *Elytres* arrondies aux épaules; presque parallèles jusqu'aux deux tiers (♂) ou faiblement élargies vers leur milieu (♀), rétrécies ensuite d'une manière sinuée; assez faiblement convexes sur le dos; à stries première et deuxième plus ou moins légères: les autres généralement réduites en devant à des rangées striales de points assez petits, ne crénelant pas ou crénelant peu les intervalles (environ trente-cinq à trente-huit de ces points sur la quatrième). *Intervalles* pointillés, un peu ridés: les sutural, troisième, cinquième et septième graduellement saillants d'avant en arrière, et faisant souvent, par là, paraître quelques-unes des rangées striales plus prononcées ou sulciformes. *Bord supérieur du repli* visible aux épaules (quand l'insecte est examiné en dessus), jusqu'au huitième ou au sixième de la longueur des étuis. *Dessous du corps* marqué sur les côtés de l'antépectus de gros points unis en sillons. *Prosternum* largement et en général peu profondément sillonné; rayé près de ses bords latéraux, vers la moitié antérieure des hanches. *Cuisses postérieures* un peu ridées. *Jambes intermédiaires* ordinairement sillonnées sur la seconde moitié de leur arête externe.

Patrie: le Maroc, (Muséum de Copenhague *type*; l'Algérie, (Muséum de Paris); le Portugal et l'Espagne, (collect. Aubé, Chevrolat, Deyrolle, Godart).

Obs. Les élytres sont plus ou moins légèrement pointillées: les troisième et septième intervalles sont ordinairement obtusément saillants ou faiblement en toit; le cinquième l'est ordinairement d'une manière plus sensible, et habituellement il est plus saillant que le troisième.

ADDENDA ET ERRATA.

Page 41, ligne 13, au lieu de *S. rugicollis*, lisez : *rugicolle*.

Page 48, ligne 26, au lieu de moitié longitudinale, lisez : moitié basilaire.

A la fin de la description du *Micrositus gibbulus*, page 176, ajoutez :

Nous avons vu dans la collection de M. le comte Mannerheim, un exemplaire indiqué comme étant notre *M. gibbulus* ♂, qui s'éloigne du port habituel de cette espèce, par son prothorax moins arqué sur les côtés ; offrant la partie de la base intermédiaire entre les sinuosités, presque en ligne droite subéchancrée dans son milieu et moins prolongée en arrière que les angles. Cette disposition donne à cet insecte une forme rapprochée de celle du *M. semicostatus*, dont il s'éloigne par ses intervalles cinquième à huitième non en forme de tranche. Il serait difficile de dire, d'après cet exemplaire unique, si cette forme est une anomalie, ou si cet individu est le représentant d'une espèce particulière *(M. Gustavii)*.

Page 262, après la ligne 12, ajoutez :

Les trois espèces suivantes, appartenant aux derniers rangs de la branche des Pandaraires, semblent lier d'une manière si insensible le genre *Pandarinus* à celui de *Bioplanes*, qu'en leur donnant place dans ce dernier, il est nécessaire d'en modifier les caractères indiqués p. 50 et 117.

Le prothorax n'est pas toujours ni notablement échancré, ni bissubsinueusement échancré à son bord antérieur ; et le premier article des tarses postérieurs n'est pas toujours plus court que les deux suivants réunis et que le postérieur.

En lui retranchant ces deux caractères, ce genre se distinguera de celui de *Pandarus* par sa tête enfoncée dans le prothorax ; par ses antennes plus courtes ; par ses yeux presque coupés ou coupés par les joues ; par ses élytres plus brièvement et plus fortement rétrécies, et plus abruptement déclives à leur partie postérieure ; par ses tarses simples dans les deux sexes.

Il s'éloigne du genre *Pandarinus*, par sa tête engagée dans le prothorax, offrant les angles antérieurs de ce segment aussi avancés que le bord postérieur des yeux, caractère qui les distingue des *Rizalus* ; par les yeux transversalement dirigés sur le front, caractère qui empêche de le confondre avec les autres Pandarines. Les troisième et septième intervalles des élytres sont unis postérieurement : le cinquième, plus court et enclos par ses voisins ou par les troisième et septième. Le prosternum est mi-sillonné. Les côtés de l'antépectus sont marqués de gros points presque unis en sillons.

α. Stries des élytres presque réduites à des rangées striales de points sur la majeure partie de leur longueur.

1. B. plorans.

Oblong ; presque parallèle ; faiblement convexe ; d'un noir un peu luisant. Prothorax échancré en arc médiocre en devant ; arqué sur les cinq sixièmes de ses côtés, sinueusement rétréci postérieurement ; presque aussi étroit aux angles postérieurs qu'aux antérieurs; muni latéralement d'un rebord moins étroit que le basilaire ; densement ponctué, presque réticuleux près des côtés. Elytres à stries à peu près réduites à des rangées de points sur la majeure partie de leur longueur, prononcées postérieurement (quarante points au moins sur la quatrième). Intervalles ruguleusement et un peu finement ponctués ; plans jusqu'aux trois quarts, graduellement en toit ou sensiblement convexes postérieurement : les troisième, cinquième et septième à peine plus saillants : le septième presque indistinctement en carène sur toute sa longueur.

Long. 0,0112 (5 l.). Larg. 0,0045 (2 l.).

Patrie : les environs de Jérusalem, (collection Reiche).

Les élytres n'offrent point de sinuosité après l'angle huméral.

Le premier article des tarses postérieurs est à peine aussi long ou moins long que les deux suivants réunis et que le dernier.

Obs. Cette espèce se rapproche des derniers *Pandarinus* par son corps presque parallèle, peu convexe ; par sa tête un peu moins profondément engagée dans le prothorax que chez les espèces suivantes ; par ses yeux ayant une légère tendance à se montrer un peu obliquement dirigés ; par ses élytres moins brièvement et moins obtusément rétrécies, moins abruptement perpendiculaires que chez les autres Bioplanes.

Elle s'éloigne du *B. meridionalis* par son corps moins court, moins luisant ; par son prothorax moins profondément échancré en devant, plus brièvement rétréci postérieurement, presque aussi étroit aux angles postérieurs qu'aux antérieurs, plus visiblement réticuleux en dessus, avec les intervalles formant ce réseau, plus tranchants ; par les stries de ses élytres à peu près réduites, sur la majeure partie de leur longueur, à des rangées striales de points, caractère qui suffit pour l'éloigner des deux espèces suivantes.

αα. Stries des élytres plus ou moins prononcées.

β. Premier article des tarses aussi long que les deux suivants réunis, et que le dernier. Intervalles des élytres rugueusement ponctués.

2. **B. crassiusculus.**

Oblong ; médiocrement convexe ; un peu épais; noir, peu luisant, en dessus. Prothorax plus ou moins échancré en arc en devant ; arqué jusqu'aux six septièmes au moins des côtés, rétréci et subparallèle ensuite ; plus large aux angles postérieurs qu'aux antérieurs ; offrant, vers les quatre septièmes ou un peu plus de sa longueur, sa plus grande largeur ; densement ponctué, réticuleux au moins près des côtés. Elytres à stries médiocres en devant, plus prononcées postérieurement ; ponctuées (vingt-quatre à trente points sur la quatrième). Intervalles rugueusement et un peu finement ponctués ; convexiuscules en devant, plus sensiblement convexes à l'extrémité : les troisième, cinquième et septième ordinairement en toit et un peu plus saillants vers leur extrémité.

Pandarus crassiusculus, CHEVROLAT, in litter.

Long. 0,0112 à 0,0135 (5 à 6 l.). Larg. 0,0052 à 0,0067 (2 1/3 à 3 l.).

PATRIE : la Syrie, (collect. Chevrolat).

Tête densement et ruguleusement ponctuée; faiblement déprimée ou sillonnée sur la suture frontale. *Antennes* prolongées jusqu'aux deux tiers (♀) ou aux trois quarts (♂) des côtés du prothorax ; noires, graduellement moins obscures à l'extrémité ou du moins sur une partie des derniers articles. *Prothorax* presque trisubsinué à son bord antérieur ; tantôt faiblement, tantôt assez fortement échancré en arc à ce bord ; assez fortement arqué sur les sept huitièmes (♀) ou les cinq sixièmes ou six septièmes (♂) de ses côtés, rétréci et parallèle ensuite ou parfois un peu élargi d'avant en arrière sur cette partie rétrécie ; muni d'un rebord latéral un peu plus étroit que le basilaire. *Elytres* sans sinuosité après l'angle huméral ; subparallèles jusqu'aux deux tiers ou moins (♂), ou faiblement élargies dans leur milieu (♀) ; médiocrement convexes, surtout sur le dos.

OBS. Cette espèce se distingue du *B. plorans*, par son prothorax visiblement plus large aux angles postérieurs qu'aux antérieurs ; plus fortement arqué sur les côtés, plus brièvement rétréci, et surtout par ses élytres plus abruptement déclives postérieurement et à stries très-évidentes, etc. Elle s'éloigne du *B. meridionalis* par sa taille plus avantageuse ; par son corps plus épais ; par son prothorax réticuleux ; par ses élytres rugueusement ponctuées ; par la longueur de son premier article des tarses, etc.

Elle varie un peu suivant les sexes et suivant les individus. Le ♂, à en juger par les individus que nous avons eus sous les yeux, paraît avoir le prothorax moins fortement élargi, moins réticuleux et moins rugueusement ponctué ; les élytres plus parallèles ; les intervalles plus saillants. Le prothorax, par une anomalie peut-être, s'est montré peu échancré à son bord antérieur, chez l'exemplaire ♂. Quelquefois il montre sur la ligne médiane une trace linéaire imponctuée ; d'autres fois il est noté de deux gros points, situés, un de chaque côté de la ligne médiane, vers le tiers de l'espace compris entre cette ligne et les bords latéraux, vers les deux cinquièmes de la longueur. Les intervalles des stries des élytres sont tantôt, jusqu'aux deux tiers de leur longueur, presque plans près de la suture, graduellement plus convexiuscules du côté externe, surtout chez la ♀, tantôt plus sensiblement convexes ou un peu en toit : le septième s'unit en devant au neuvième, en se liant faiblement à l'angle huméral.

ββ. Premier article des tarses postérieurs moins long que les deux suivants réunis et que le dernier.

3. **B. meridionalis.** Voy. p. 118.

Page 189, ligne 14, au lieu de Omocratates, lisez : Olocratates.

Page 191, ligne 14, au lieu de *Omocrates, lisez : Olocrates*, et de même, même page, ligne 20, etc.

Le nom de Omocrates ayant déjà été appliqué à un autre genre de Coléoptères par M. Burmeister, nous lui substituerons celui de Olocrates.

TABLEAU MÉTHODIQUE

DES

PANDARITES.

PREMIÈRE BRANCHE. **Eurynotaires.**

PREMIER RAMEAU. *Eurynotates.*

MELANOPTERUS, Mulsant et Rey.

Porcatus, Muls. et Rey.	Afrique méridionale.
Marginicollis, Muls. et Rey.	Cap de Bonne-Espérance.
Edwarsii, Muls. et Rey.	Afrique méridionale.

EURYNOTUS, *Kirby.*

(*Eurynotus*).

Muricatus, Kirby.	Cap de Bonne-Espérance.
Asperatus, Muls. et Rey.	Id.

(*Biolus*).

Asperipennis, (SOLIER), Muls. et Rey.	Id.
Norrisii, (BUQUET), Muls. et Rey.	Id.

(*Solenopistoma*).

Denticosta, (DEYROLLE) Muls. et Rey.	Id.
Acutus, Wiedemann.	Id.

(*Zadenos*).

Ruficornis, Germar.	Id.
Bohemani, Muls. et Rey.	Id.
Delalandii, Muls. et Rey.	Id.

(*Minorus*).

Rugicollis, (CHEVROLAT), Muls. et Rey.	Id.

LASIODERUS, Muls. et Rey.

Sulcipennis, Muls. et Rey.	Id.

DEUXIÈME RAMEAU. *Isocerates.*

Isocerus, (Megerle), Latreille.

Purpurascens, Herbst.	Portugal, Espagne mérid. Algérie.

DEUXIÈME BRANCHE. **Pandaraires.**

Pandarus (Megerle), Muls. et Rey.

Carinatus, (Chevrolat), Muls. et Rey.	Sardaigne.
Coarcticollis, Muls.	France, Corse, Italie.
Pectoralis, Muls. et Rey.	Espagne, Algérie.
Aubei, Muls. et Rey.	Espagne.
Insidiosus, Muls. et Rey.	Id.
Sinuatus, (Aubé), Muls. et Rey.	Turquie asiat.
Græcus, Brullé.	Grèce, Syrie.
Stygius, (Helfer), Waltl.	Grèce.
Simius, Muls. et Rey.	Id.
Lugens, (Dejean), Muls. et Rey.	Italie, Sicile.
Dalmatinus, (Dejean), Germar.	Dalmatie, Italie, Sicile.
Torpidus, Muls. et Rey.	Smyrne.
Victoris, Muls. et Rey.	Albanie.
Mœsiacus, (Friwaldsky), Muls. et Rey.	Iles ioniennes, Turquie.
Cribratus, (Klug) Waltl.	Roumélie, Turquie, Caucase, Syrie.
Punctatus, (Steven) Le Pelet. et A. Serville.	Caucase, Russie mérid.
Extensus, Faldermann.	Géorgie.
Messenius, Brullé.	Grèce.
Ottomanus, (Motschoulsky) Muls. et Rey.	Turquie, Afrique.
Tentyrioides, Brullé.	Grèce.

Pandarinus Muls. e. Rey.

(*Rizalus*).

Piceus, Olivier.	Egypte, Algérie.

(*Pandarinus*).

Tenellus, (Waltl?), Muls. et Rey.	Grèce.
Cœlatus, Brullé.	Iles Ioniennes, Grèce.

(*Paroderus*).

Elongatus, (Solier), Muls. et Rey.	Espagne.
Pauper, Muls. et Rey.	Turquie d'Asie, Syrie.

Bioplanes, Mulsant.

Plorans, Muls. et Rey.	Syrie.
Crassiusculus, (Chevrolat), Muls. et Rey.	Syrie.
Meridionalis, (Dejean), Mulsant.	France méridionale, Algérie.

TROISIÈME BRANCHE. **Héliopathaires**.

PREMIER RAMEAU. *Melambiates*.

MELAMBIUS, Muls. et Rey.

Barbarus, Erichson.	Algérie, Egypte.

LITOBORUS, Muls. et Rey.

Moreleti, Lucas.	Algérie.
Planicollis, WALTL?, Mulsant et Rey.	Espagne, Sicile, Algérie.

DEUXIÈME RAMEAU. *Micrositates*.

PHYLAX, (DEJEAN), Mulsant.

Costatipennis, Lucas.	Algérie.
Undulatus, Muls. et Rey.	Id.
Variolosus, Olivier.	Portugal, Espagne, Algérie
Littoralis, Mulsant.	France mérid.
Ingratus, Muls. et Rey.	Algérie.
Segnis, Muls. et Rey.	Algérie ?
Ignavus, Muls. et Rey.	Algérie.

MICROSITUS Muls. et Rey.

(*Hoplarion*).

Tumidus, (GAUBIL), Muls. et Rey.	Algérie.

(*Micrositus*).

Orbicularis, (FRIWALDSKY), Muls. et Rey.	Ile de Crète.
Plicatus, Lucas.	Algérie.
Distinguendus, (GAUBIL), Muls. et Rey.	Id.
Montanus, (CHEVROLAT), Muls. et Rey.	Espagne.
Ulyssiponensis, Germar.	Portugal, Espagne.
Agricola (DEJEAN), Muls. et Rey.	Espagne.
Obesus, (DE BRÊME), Muls. et Rey.	Id.
Bœticus, (RAMBUR), Muls. et Rey.	Id.

(*Platyolus*).

Miser, (RAMBUR), Muls. et Rey.	Id.
Heeri, Muls. et Rey.	Id.
Gibbulus, Motschoulsky.	Id.
Gustavii au præced. var ?	Id.
Melancholichus, Muls. et Rey.	Tanger.
Semicostatus, (CHEVROLAT), Muls. et Rey.	Espagne, Algérie, Majorque.
Furvus, Muls. et Rey.	Espagne.

Subcylindricus, Motschoulsky.	Espagne.
Longulus, Muls. et Rey.	Id.

TROISIÈME RAMEAU. *Olocratates.*

OLOCRATES, Mulsant.

Saxicola, (CHEVROLAT), Muls. et Rey.	Espagne.
Collaris, Muls. et Rey.	Id.
Gibbus, Fabricius.	Europe, Asie occid.
Fossulatus, (CHEVROLAT), Muls. et Rey.	Espagne.
Foveipennis, (CHEVROLAT), Muls. et Rey.	Id.
Lineato-punctatus, (DE BRÊME), Muls. et Rey.	Id.
Indiscretus, Muls. et Rey.	Id.
Abbreviatus, Olivier.	Eur. mérid. Indes orient.
Planiusculus, (CHEVROLAT), Muls. et Rey.	Tanger.
Viaticus, Muls. et Rey.	Espagne.

MALADERAS, Muls. et Rey.

Quadratulus, (DEYROLLE), Muls. et Rey.	Algérie.
Obscurus, (GAUBIL), Muls. et Rey.	Id.
Amœnus, (GAUBIL), Muls. et Rey.	Id.

QUATRIÈME RAMEAU. *Heliopathates.*

HELIOPATHES, Mulsant.

Lusitanicus, Herbst.	Portugal, Espagne.
Cribrato-striatus, (CHEVROLAT), Muls. et Rey.	Algérie, Tanger.
Interstitialis, (CHEVROLAT), Muls. et Rey.	Algérie.
Transversalis, (CHEVROLAT), Muls. et Rey.	Espagne.
Montivagus, (RAMBUR), Muls. et Rey.	Id.
Avarus, Muls. et Rey.	Sicile.
Ibericus, Muls. et Rey.	Espagne.
Rotundicollis, Lucas.	Algérie, Espagne.
Agrestis, (DEJEAN), Muls. et Rey.	Espagne.
Luctuosus, Le Pel.-St.-Farg. et A. Serv.	France mérid., Grèce, Espagne.
Emarginatus, Fabricius.	Algérie, Maroc, Espagne, Portugal.

TABLE DES PANDARITES,

PAR ORDRE ALPHABÉTIQUE.

Ouvrages du même Auteur

Lettres à Julie sur l'Entomologie. *Paris*. 1830. 2 vol. in-[illegible]

Histoire naturelle des Coléoptères de France.

— Longicornes. *Paris*. 1839. 1 vol. in-8.

— Lamellicornes. *Paris*. 1842. 1 vol. in-8.

— Palpicornes. *Paris*. 1844. 1 vol. in-8.

— Sulcicolles. — Sécuripalpes. *Paris*. 1846. 1 vol. in-8.

— Hétéromères (Latigènes). *Paris*. 1854. 1 vol. in-8.

Species des Coléoptères trimères sécuripalpes. *Lyon et Paris*. 1850-1851. 1 vol. en deux parties grand in-8.

Opuscules entomologiques grand in-8°.

— 1er cahier. 1852.

— 2me cahier. 1853.

— 3me cahier. 1853.

— 4me cahier. 1853.

Sous presse :

Histoire naturelle des Coléoptères de France.

— Hétéromères (Suite et fin).

— [illegible]

Opuscules entomologiques grand in-8°.

— 6me cahier.

Lyon. — Imprimerie de [illegible] Dumoulin [illegible]

www.ingramcontent.com/pod-product-compliance
Ingram Content Group UK Ltd.
Pitfield, Milton Keynes, MK11 3LW, UK
UKHW012023240726
13965UKWH00002B/535